U0334166

婚育指南

主编◎王荣泰 陈金伟

新 华 出 版 社

图书在版编目（CIP）数据
婚育指南 / 王荣泰，陈金伟主编. ——北京：新华出版社，2015.7
ISBN 978-7-5166-1855-4
Ⅰ.①婚… Ⅱ.①王… ②陈… Ⅲ.①婚姻—通俗读物 ②婴幼儿—哺育—通俗读物
Ⅳ.①C913.13—49 ②TS976.3—49

中国版本图书馆CIP数据核字（2015）第158786号

婚育指南
主　　编：王荣泰　陈金伟

出 版 人：张百新　　选题策划：要力石
责任编辑：张永杰　　封面设计：马文丽
责任印制：廖成华

出版发行：新华出版社
地　　址：北京市石景山区京原路8号　　邮　　编：100040
网　　址：http://www.xinhuapub.com　　http://press.xinhuanet.com
经　　销：新华书店
购书热线：010-63077122　　中国新闻书店购书热线：010-63072012

照　　排：尹　鹏
印　　刷：北京凯达印务有限公司

成品尺寸：145mm×210mm
印　　张：10　　字　　数：200千字
版　　次：2015年7月第一版　　印　　次：2015年7月第一次印刷

书　　号：ISBN 978-7-5166-1855-4
定　　价：28.00元

图书如有印装问题，请与出版社联系调换：010-63077101

序

梁　衡

什么是阅读，阅读就是思考，是有目的的，带着问题看，是一个思维过程。广义地说，人有六个阅读层次，前三个是信息、刺激、娱乐，是维持人的初级的浅层的精神需求，后三个是知识、思想、审美，是维持高级的深层次的精神需求。

一个经济体量巨大的国家，应该有与之相匹配的阅读生态。“一个不读书的民族，是没有希望的民族。”遍观周遭，浅阅读、碎片化阅读盛行，深阅读、慢阅读成为稀见之事。物质的繁荣替代不了精神的丰富，浅阅读也构建不起基础牢固的精神世界。人要多一些含英咀华来涵养自己。读文学，可以陶冶情操，滋养情怀；读历史，可以鉴古知今，明得失，知兴衰；读哲学，可以把握规律，增长见识。

心理学研究表明，一个人的思想意识、行为方式的养成，需要经历服从、认同、内化三个阶段。习近平总书记这样谈读书的作用:“读书可以让人保持思想的活力，让人得到智慧启发，让人滋养浩然之气。”在今年的《政府工作报告》中，李克强总理说：“阅读作为一种生活方式，把它与工作方式相结合，不仅会增加发展的创新力量，还会增强社会的道德力量。”阅读对于每个人来说，都会持续释放出个人潜在的极大力量。

《中国剪报》创办30年的历程，记录着社会进步，文化发展的变迁，也是30年来社会阅读精神史的记录。

《中国剪报》经新闻出版署正式批准于1991年元旦创刊，在全国率先开发报刊信息资源、服务经济建设。次年5月，《中国剪报》编辑部迁至北京。

30年来，《中国剪报》始终坚持“集千家精华，成一家风骨”的办报宗旨，立足主流媒体，把握正确导向，传递有效信息，传播适用知识，面向中老年读者。共刊发文章30万篇，文字总量1.5亿，发行总数达16亿份。为了适应中青年读者的需要，中国剪报社在2005年又创办了面向全国发行的《特别文摘》杂志。

《中国剪报》和《特别文摘》十分重视与读者互动，广泛征求读者对报刊的意见建议，自1992年以来已连续举办23届读者节活动，共投入资金240万元，参与人数达45万人次，获奖人数达3.4万，受到读者的普遍好评。中国剪报社还主动承担企业的社会责任，积极支持公益事业，先后在中国共产党早期领导人瞿秋白的纪念馆竖立“觅渡、觅渡、渡何处”的巨石文碑，在江西井冈山和云南大理捐建希望小学，向灾区捐款献爱心等，受到各界人士好评。社长王荣泰被中国报业协会授予“中国杰出报人奖”，报社荣获“中国报业经营管理奖”。

今年适逢《中国剪报》创办 30 周年。30 年来我一直是这张报纸的读者、作者和朋友，见证了她的成长。现在，报社从《中国剪报》和《特别文摘》中精选出了近 3000 篇文章，编辑两套丛书共 16 本，既有经典美文，也有平凡故事；既有读史新见，也有百科揭秘；还有生活之道，健康智慧，等等。作为编辑部回报读者的礼物，也是向社会上所有关心过本报的人们的汇报。目前，“书香中国”“全民阅读”正方兴未艾。期望这两套丛书能为每个人的精神成长、社会文明增添新助力，贡献正能量。

婚 姻

育　儿

婚姻

如何挡住婚外情

夫妻冷战勿超一周　专家认为夫妻发生争执并不可怕，可怕的是争执后的冷战，这最容易导致婚姻解体。专家建议，每一对夫妻发生争执后，矛盾尽量控制在一周内得到解决。

女性不要太“抠门”　过分节俭和不舍得花钱适度修饰自己的女性，婚姻最容易“触礁”。

过于完美也不合适　一个女人如果承担起家庭所有的家务责任，全然放弃自己在事业上的追求，只知道做家务，而不让自己的丈夫承担任何一点“操劳”，那么只会助长丈夫成为一个对家庭缺乏足够责任心的人。专家建议女性，尽量让自己的丈夫承担一点家务，有助于自己家庭的稳定。

家庭环境常做改变　外遇并非某一天突然降临，而是长期不变的生活所造成。“人类都有求新求变的心理，一成不变的生活很容易造成疲倦和审美疲劳。”专家认为，女性可以经常主动地对自己的家庭做一些改变，从而让家庭生活多些色彩，比如隔一段时间对家庭陈设进行适度调整，让对方突然眼睛一亮，有一些新奇感；在周末安排一些家庭郊游活动，或全家人一起上馆子等。

维系婚姻四步走

如果配偶提出离婚，但自己认为还没到离婚的地步，不想离婚，可从四方面着手：

1. 主动承担责任。建议出现问题的夫妻要首先承担自己在婚姻中的责任，然后积极改善婚姻相处模式，这样才能很好地修复婚姻出现的漏洞。2. 协助对方一起处理婚外情。很多“第三者”的“转正计谋”很难得逞，这往往归功于夫妻间达成了一致对外的共识。3. 调节夫妻情趣。夫妻在沟通上有问题，不懂得如何交流，只是埋头做自己的事情，很容易给婚姻生活造成裂痕。4. 分居要把握一定尺度。有时，夫妻分居对于过错一方的当事人能起到良好的触动作用，促使其改变生活中的一些恶习。此外，在分居过程中，双方应积极改正自己生活中的一些缺点，同时选择一些巧妙的沟通方式亦是非常重要的。

律师同时提醒即将离婚的人士，实施离婚方案可以分“四步走”：一是自行协商。一般来说，以和平的方式来离婚，对于双方当事人及孩子，能够最大限度地减少离婚带来的情感伤害。二是寻求专家建议。在自行协商无果或不知如何协商时，寻求婚姻法律及婚姻情感专家的建议是非常必要的。三是搜集过错及财产证据。对财产分割心里没底时，应在律师的指导下搜集对方过错及财产证据，以维护自己的合法权益。四是起诉前再尝试调解。

离婚若能友好解决，不但利于将矛盾降低在最小的范围之内，亦使得后期的财产分割能顺利进行。

新婚燕尔　学会心理调适

经常交流　夫妻间要经常坐下来交换意见，沟通思想，把自己心中的欢乐与苦衷倾诉出来。特别是在逆境的时候，最需要的就是亲人的慰藉。

尊重对方的个性特征　一个善解人意的妻子或丈夫，应该尊重对方的个性特征。这样，婚姻就不是一种禁锢，而是既能充分发挥各自的个性特征又能互相依恋的温馨之家。

学会忍耐　夫妻间要学会忍耐，当对方发脾气或发出挑衅信号时，最好采取忍耐和避开的方式，或设身处地地了解其原因，以帮助解脱。不要受对方情绪的影响，使自己处于恶劣的情绪。

主动承担家务　结婚以后，需要共同协商的大事是不少，但更多的是柴米油盐的日常琐事。夫妻关系的平等交往，表现在家务的共同分担上，主动承担一部分家务，是丈夫爱护妻子、妻子体贴丈夫的具体表现。

最伤夫妻感情的坏习惯

据英国《每日邮报》报道，最易引发夫妻间矛盾的是厨房这个弹丸之地。对 1427 名主妇进行的调查显示，有 32% 的人最讨厌丈夫在做饭时把厨房弄得一团糟，在所有选项中位居第一；其次是把用过的餐具锅盆堆在水槽中，占 30%；紧跟其后的是不按时丢垃圾（19%）和不把食物及时放入冰箱（16%）。

除此之外，在哄孩子上床睡觉后，有七成丈夫选择坐下来看电视或 DVD，但妻子中却有 77% 选择清洁房间、51% 选择洗衣服、40% 会准备明天的早餐。一方是享受，一方是继续劳作，这也成为不少妻子对丈夫抱怨的根源。调查显示，女性每天下班回家后，往往还要完成至少 5 项工作，如洗衣服、查收邮件、购物、收拾熨烫衣物、做饭等；而男性，最多只需要完成三样“工作”，其中包括玩电脑游戏、与朋友聊天和喝酒等消遣。

对此，社会行为学家珍妮 · 休表示，要保持和睦的家庭氛围，不妨尝试以下 5 个方法：

1. 让所有人都参与到家务劳动中来体会其中的艰辛，丈夫试着整理厨房熨烫衣物，妻子尝试维修小家具换灯泡等；2. 多使用各种家居清洁、整理工具，如可爱的垃圾桶和收纳箱，具有多种吸口能为每个角落除尘的吸尘器，能让乏味的家务充满乐趣；3. 建立家庭值班表，倒垃圾的日常家务轮流来做，多干家务的人可以多享受电视遥控器的主动权；4. 合理购物，节约时间又省钱，避免因此发生争执；5. 周末多和家人在一起，增进了解。

中年婚姻　让关心做主

很多中年女性会抱怨丈夫没有激情，感觉婚姻死气沉沉，没有一点生机，对婚姻丧失信心。

对此，心理医生说，这是多数女性的一种误区。单就女性而言，35 岁以前对丈夫以爱为主，35 岁以后则以关心为主。人过中年，还要求丈夫像年轻小伙子那样，对妻子充满激情，不符合人性，也不现实。因此，女性先将自己对婚姻的期望值降一降，丈夫再多学学西方男性对妻子的爱情，这样我们身边中年人的婚姻问题就会少很多。

七年之痒变七年之暖　某调查机构做了一次调查，超过七成的人认为，如今婚姻能走过 7 年时间，表明夫妻关系已“进入平稳期”，处于“良性发展状态”；而超过半数的人表示：“依然存在幸福感。”看来“七年之痒”的婚姻也开始回温，从“七年之痒”到“七年之暖”，让人感受到越久的婚姻越有暖意。

彼此关心让婚姻生色　一位丈夫说，在他眼里，妻子最有魅力的地方，就是时刻关心他。每天早上，他一起床，妻子已经将牙膏挤好，早餐做好。他一天都有好心情。他呢，只要晚上有时间，就主动替妻子去超市买菜，每次都给妻子捎回她喜欢吃的水果。夫妻两人，结婚十几年，丝毫感觉不到婚姻的没意思，更别说危机了。

爱比什么都重要　心理医生认为，美满婚姻的必要条件就是彼此深爱对方，至于是否有激情或是否浪漫倒在其次。爱对方，就会替对方着想，愿意自己做出牺牲，迎合对方，双方的感情就会越来越牢固，才会弥久生香。

幸福婚姻，别忘撑起5顶“保护伞”

时代在变，爱情和婚姻的定义及“原则”也在变。据美国“网络医学博士”网站报道，诸多婚姻、性学专家找到了一些新的“原则”，可谓是现代婚姻和爱情的“保护伞”。

1. 吹毛求疵是对的。研究发现，越是挑剔的人，越容易获得异性的关注。“这个道理并不难理解，挑剔无非就是让某一个人比较容易拥有你的心，而让其他人感觉遥不可及，这虽然增加了爱情的难度，但越难获得的才越会珍惜。”

2. 充满挑战的婚姻才稳定。很多夫妻认为，性生活美满、彼此恩爱、了解和体贴，都是婚姻稳定的基础。但专家发现，日常生活中的相互配合才是幸福生活的关键。婚姻若不断面临挑战，久而久之，双方就能形成一套应对体系，在问题出现时，就能分工明确地克服。这里说的“挑战”未必是婚姻出现危机等重大变化，而是指搬家、跳槽等“牵一发而动全身”的事。

3. 赞美的同时，别忘泼泼冷水。你对配偶带来的好消息所做出的反应非常重要。专家将配偶们的反应分为四类：主动破坏（如“你确信能做好那份工作吗”）；消极破坏（沉默不语，转变话题）；被动建设性（心不在焉地说“好啊”）；以及主动建设性（“我为你感到骄傲，但你可能要注意一些问题”）。让人惊讶的是，主动建设的态度，能很好地推进夫妻关系。

4. 60 秒优化关系。对那些工作超负荷、忙成一团的夫妻来说，不妨列举能在一分钟内完成的事，如说个笑话、一个长吻等。专家建议，夫妻每天要挤出 3 个“1 分钟”，这不仅能加强紧密感，还能极大地体现对彼此的关心。

5. 婚姻需要经常体检。研究小组设计了一个婚姻体检程序，来发现两性关系中的薄弱环节，并给予巩固。体检涉及婚姻的方方面面，甚至包括早餐习惯、周末会不会睡懒觉等。同时，还建议夫妇每年都要问自己 3 个问题：伴侣放心在我面前表现他感情脆弱的一面吗？伴侣感到被承认了吗？生活不如意时，我能从伴侣那儿获取完全的支持吗？即便有一个回答是否定的，那也表明你们的婚姻关系有些紧张。

不同年龄妻子对丈夫的期望

美国的一位家庭心理学教授对 500 多名女性进行了一次调查，其目的是想获得不同年龄的妻子对丈夫的要求。结果是这样的：

20岁左右的妻子所追求的是爱情和罗曼史，她们心目中的理想丈夫，应该是感情热烈而浪漫，同时必须能尊重及珍视她们的智慧和才能。

30岁以后，妻子心目中理想的丈夫应该是比较成熟的，他必须是一个好父亲、收入稳定、有责任感，而且工作勤奋，愿意分担家务工作。

到了40岁，妻子期望的理想丈夫是必须能在生活上成为一个最佳合作者，就是说他必须处处和她的步调一致。这一年龄阶段，妻子最热切盼望丈夫的关怀和体贴。可能由于青春已去，这一年龄阶段的妻子对爱的反应又再度产生渴望，她们需要丈夫不断地表示他们的爱意，情感的沟通是她们最大的要求。

踏入50岁这一阶段，妻子对丈夫的要求不再是爱情，而是感情。她们要求丈夫能成为自己生活和情感上的忠诚合伙人。一个具有高度幽默感、懂得生活而又身体健康的丈夫，将是她们共同生活中最后阶段的理想伴侣。

专家教你给婚姻保鲜

除了给妻子送花、为丈夫做顿可口的晚餐这些俗套的老招外，保证婚姻幸福，还有哪些可以参考的意见？美国《洛杉矶时报》专栏作家、性学专家凯瑟琳·多赫尼给出了一些方法。

改掉7个坏习惯，养成7个好习惯。坏习惯包括批评、指责、抱怨、唠叨、威胁、惩罚和贿赂。好习惯则涵盖了支持、鼓励、倾听、包容、信任、尊重和求同存异。了解这些习惯并不难，但真要做到这一点，需要很大的决心和努力。

照顾好自己。这条建议很短却很甜蜜。当你的身体和精神都处于最佳状态时，人就会变得宽容，也更轻松。这样即使和爱人有些矛盾，也不会放在心上，更不会发生争吵。

“异性友谊”要告知伴侣。已婚人士隐瞒和异性朋友的交往，很多时候无异于“玩火”。人生来就有嫉妒心，且善于误会爱人。公开自己的交友状况，不但能让伴侣感到被信任，更是消除了可能产生误会的“土壤”。

妻子不要对丈夫提出过高要求；丈夫不要忽视妻子的感受。女人希望在婚姻中被疼爱、倾听和照顾。而男人就简单得多，“有东西吃，有老婆看！”这充分体现了双方在婚姻期望上的巨大差异。因此，女人应降低期望，不要期待每天都充满浪漫。丈夫则要多分担一些家务，多关注妻子。

爱情美满的六个补丁程序

爱情是一个用幸福和美丽代码编写而成的情感程序，为了维持爱情的长久和美好，为爱情安装六个补丁程序是必不可少的。

补丁程序一：甜言　天天同爱人生活在一起，一些问候之辞往往容易被忽略掉，其实最容易忽略的东西往往是最感人的。无论是给爱人电话，还是回家，在对爱人的称谓前加上一句“亲爱的”，不是更能让对方的心甜润无比吗？

补丁程序二：道歉　当双方发生了矛盾，勇于从自己的身上找毛病，向爱人说一声“对不起”，更能让对方感受到你对他（她）真挚的爱。

补丁程序三：吻　早上，当你的爱人为你递上挤好了牙膏的牙刷，你轻轻地在他（她）额上留下一个浅浅的吻，对方在向你撒播了关爱之后，心里往往会觉得比你更幸福。

补丁程序四：字条　当有朋友请你一起聚会，恰巧你的爱人不在家，而他（她）的手机又没有随身携带，无法通知的时候，那么，给爱人留下一张字条是必不可少的，这样既不会让对方为你担心，又会让其感到你是真心地尊重、在乎他（她）。

补丁程序五：抚慰　当爱人心里烦躁不安的时候，当爱人在单位受了委屈的时候，在你用充满关爱的语言抚慰他（她）的同时，你应该伸出你的手，轻轻地抚弄对方的头发，这样更能使他（她）感到温馨。

补丁程序六：回避　烟瘾、酒瘾发作心里奇痒难忍的时候，尽量避免在爱人眼皮底下“作案”，因为这样的小事破坏了夫妻双方的感情实在是不值。

“八棋”婚姻

将：夫妻俩都要有大将风范，表里如一，言行一致，这样彼此才会心悦诚服。男女结合是将帅联姻，要有君子诚信，恪守婚前的诺言，婚后给对方的感觉也是一如既往。切忌当情人变成了另一半后，心态和言行判若两人了。

士：夫妻俩对家庭都要有责任感，在婚姻生活中，谁也不能失责或推诿，就像作战中的士官一样，守卫堡垒，筑坚阵地，切忌草率放弃，不攻自破。

象：要像大象那样大度大量，且能忍辱负重。夫妻间相同的兴趣追求固然似一杯香醇的美酒，但不同的爱好却像是一道美味的拼盘佳肴。各自要有度量接受和尊重，切忌怀有强求改变对方的念头。

车：只有时时保养，才能保持最佳的运行状态。夫妻俩再忙碌，也必须经常抽出促膝谈心的时间。这样，彼此的感情才不至于渐行渐远，或时而出现“故障抛锚”。

马：夫妻俩要像马一样任劳任怨，并驾齐驱在婚姻的道路上。还要相互扶持和帮助，切忌见异思迁致使半途而废，分道扬镳。

炮：夫妻感情要随着时间“愈泡”愈香，愈见真情，在爱的时空里，要体贴、要和谐，使生活中的幸福之花常开不败。切忌心怀叵测，同床异梦。

兵：夫妻俩要各扬其长，相敬如宾，就如同一把琴上的弦，在同一优美的旋律中和谐地颤动，但彼此又是独立并快乐着的。切忌相互攻击，两败俱伤。

卒：夫妻俩要知晓这一道理：知足常乐。知足的夫妻鲜有虚荣心态，难滋攀比念头，依靠自己的辛勤劳动，循序渐进式地去获得幸福的生活。切忌欲壑难填，巧取豪夺。

当男女步入婚姻殿堂后，如能始终准确地身体力行着这“八棋”，那两人世界该是多么的温馨无比啊。

保养婚姻的八个温馨小细节

1. 早上上班前帮他整理一下领带，帮他捋一捋不太听话的头发。小小的细节同样也会让男人倍感温暖柔软，当这些细节成为习惯，他会更加安心，也会更加离不开你。

2. 记住每一个特殊的日子，并且和他一起庆祝。这件事不一定非要男人来做，女人的庆祝方式，会更贴心和浪漫。

3. 知道他爱吃的菜式，并且勇于学习与实践。

4. 将“亲爱的辛苦了”作为口头禅。无论是下班回家，还是修理电器、水龙头，别忘了拥抱他，说一声“亲爱的辛苦了”。

5. 在他想独处的时候，安静地走开。当他有问题的时候，习惯于独处以安静梳理思绪，这个时候，千万不要去表达你的关心，安静地走开，他会感激你的体贴和了解。

6. 确定他有烦恼时，别急着为他出谋划策。除非他正式提出需求，你千万不要急着为他排忧解难。要相信他一定能够处理好。

7. 打扮自己，也打扮他。

8. 爱他，并且说出来。不要总是逼问他“爱不爱我”，相反，要记得时时将爱向他说出来。

夫妻间谈工作的技巧

很多夫妻都会有这样的经历：在办公室紧张地工作了一天，回家后还不得不听伴侣滔滔不绝地讲述他（她）在工作中发生的各种事情。这时候，勉强听下去会让自己觉得很累，而失去耐心又会引发夫妻冲突。婚姻专家对此分析后指出，下班回家后该不该谈工作和怎么谈，是影响夫妻关系的一个重要因素。

婚姻专家认为，夫妻要不要谈工作、谈到什么程度，完全因人而异；如果两人对这一问题的看法不同，又没有相互沟通，就会产生很多冲突。当对方向你大谈工作中的事情时，如果你真的又累又烦，撑不下去了，就应该适时表达出来，闷着不说，对方不会知道你的情况，容易误以为你不关心或故意漠视他（她）。

关心对方是需要技巧的。如果你看到伴侣下班后闷闷不乐，不要劈头就问：“你今天怎么了？”最好说：“我看你好像不太高兴，是不是工作上有什么困难？”如果对方不愿意讲，最好不要逼问。

夫妻双方都要提醒自己，对方正倾诉时，不要急着下判断或批评对方，否则会让对方觉得你在帮着外人说话。最好等对方情绪稳定后，再帮他（她）找出解决办法。

夫妻沟通六大原则

讲出来　坦白地讲出你内心的感受、想法、痛苦和期望，绝对不要批评、责备、抱怨、攻击。

互相尊重　只有给予对方尊重，才会有沟通。若对方不尊重你时，你也要适当地请求对方的尊重，否则很难沟通。

不说不该说的话　如果说了不该说的话，往往要花费极大的代价来弥补，甚至造成无可弥补的终身遗憾！正是所谓的“一言既出，驷马难追”、“病从口入，祸从口出”。所以沟通时，不能信口雌黄、口无遮拦。但是完全不说话，有时也会变得更恶劣。

理性地沟通　人在有情绪时常常无好话，很容易冲动而失去理性。此外，不要在有情绪时作出冲动的“决定”，这很容易让事情不可挽回，令人后悔！沟通需要理性，不理性只有争执的份，不会有好结果。

承认我错了，主动说“对不起”　承认我错了是沟通的消毒剂，可改善关系。说对不起，不代表我真的犯了什么天大的错误，它是一种软化剂。死不认错是一件大错特错的事。

心中有爱　爱是最伟大的治疗师。

夫妻间应增加七样东西

童心 只有童心不泯，青春才能常驻，爱情才可历久而弥新。

浪漫 不少夫妻太注重实际，而缺少浪漫。不要以为浪漫就是献花、跳舞，不要以为没有时间、没有钱就不能浪漫。要知道，浪漫的形式是丰富多彩的。

幽默 说话幽默能化解、缓冲矛盾和纠纷，消除尴尬和隔阂，增加情趣与情感。

亲昵 专家研究发现，亲昵对提高家庭生活质量有着妙不可言的作用。长期缺少拥抱、亲吻的人容易产生皮肤饥饿进而产生感情饥饿。

情话 心理学家认为：配偶之间每天至少得向对方说三句以上充满感情的情话，如“我爱你！”、“我喜欢你的某某优点！”

沟通 不少中国夫妻把意见、不快压抑在心里，不挑明，还美其名曰“脾气好，有修养”。其实，相互闭锁只能导致误会加深，长期压抑等于蓄积恶性能量，一旦爆发，破坏性更大。正确的做法应该是加强沟通，有了意见说出来，并经常主动地了解对方有什么想法。

欣赏 如果你不假思索就能数出配偶许多缺点，绞尽脑汁也说不出配偶几个优点，那么，你多半缺乏欣赏眼光。如果你当面、背后都只说配偶的优点，那么，你就等于学会了爱，并能收获到爱。

四句话让婚姻一路平安

1. 最值得珍惜的一句话："我爱你。"当你听到这句话的时候，说明你已经收获了另一个人的爱情。当你说出这句话的时候，说明你已经找到了理想的爱侣。

爱是一种选择，一种享受，也是一种动力，一种责任。

2. 最值得宽慰的一句话："我就来。"每个人都有最需要帮助的时候。当你突然发现家里的水管坏了；当你驾车在车水马龙的道路上，车子突然熄火；当你在厨房里找不到酱油瓶……任何时候，当你需要他的帮忙时，一句"我就来"，你的心里就像一块石头落了地。

3. 最让人增长信心的一句话："我相信你行。"有一位优秀教师教育学生的一个诀窍，就是经常找学生们单独谈心。而且无论是学习成绩好与不好的学生，都对他们说："我相信你行。"因此，她所教过的学生，几乎个个都充满着自信。当他（她）遇到困难、出现过错或犹豫不决的时候，你的一句"我相信你"、"我觉得你行"，他很快会鼓足勇气。

4. 最能化解矛盾的一句话："也许你是对的。"当夫妻间因为一点小事争吵不休的时候，如果有一方首先说出这句话，那么很多矛盾就会到此为止了。其实，彼此既然相爱，既然已经共同生活，有什么原则问题非要争个你死我活？说一句"也许你是对的”，丝毫不会失去什么。

五种过错伤婚姻

从经济学角度来看，夫妻间存在的一些问题很容易影响婚姻生活质量。纠正以下几个错误，可以帮助广大夫妻更合理、有效地分配时间、金钱、智慧乃至性爱。

错误 1. 家务活平均摊。平摊家务通常被认为是最平等的夫妻分工，但生活和金钱“AA 制”的夫妻很容易产生矛盾。根据经济学上的“比较优势”原则，夫妻可负责各自擅长的家务，比如，丈夫负责各类账单、买菜和修东西，妻子负责做饭、洗衣、扫地等。

错误 2. 争吵怄气过夜。婚姻专家称，夫妻之间没有不能调和的矛盾，夫妻绝不能带气上床。怄气时应该想想经济学中的“损失规避”理论，它告诉我们夫妻怄气时间过久，对双方都是巨大损失。

错误 3. 互猜对方心思。很多人在外心情不愉快时，以为回家能获得安慰，但结果可能大失所望。为了解决夫妻“猜心思”问题，不妨采纳经济学上的“透明度原则”，将需求直接告诉爱人，透明沟通是夫妻关系的润滑剂。

错误 4. 拖延承诺之事。丈夫觉得应该用半天时间照看一下孩子，好让妻子下午逛逛街轻松轻松，然而却没能做到。诸如此类的承诺容易越积越多。解决这个问题的最佳方案是经济学上的

"承诺机制"原则——强制性履行承诺。

错误5.低估小变化的力量。每天忙忙碌碌，忙完工作忙家务，一天下来夫妻都感觉精疲力竭，时间越长，压力越大。此时不妨来一点小改变，或者偶尔请一次钟点工帮忙搞定家里卫生等。

白头偕老不可缺的要件

一、要和你爱的人结婚。刚结婚如果就不爱，或勉强凑合着结婚，没有感情基础的话，很容易变成"大难来时各自飞"。

二、两个人好歹要有个共同的兴趣。比如都热爱美食或旅行或音乐，或从事某种运动，或者都喜欢交朋友。如此一来，两人才能够共享人生中快乐的事。

三、彼此要有对方值得尊敬或夸赞的地方。没有一对夫妻不曾面临过沟通危机，也总有相互亏欠之处，但对方有一些优点值得咀嚼："其实他也不错……"婚姻才持续得下去。

四、还算稳定的脾气。没有任何一个个性喜怒无常的人可以维持平稳婚姻。

五、相当的包容力。你得学会消化怨气，学会大事化小小事化无。计较太多或吹毛求疵的人，往往把自己弄得很不快乐，也把婚姻送进死胡同。

六、要有一些忘性。没有人能够忍受一个永远在翻旧账的播音机。还有，一定要忘掉"完美"这件事情，否则没有人能够在生活中与你舒舒服服地相处。

一杯水能消灭怒气

生气人人都要面对，但不见得人人都能控制好。夫妻生活中尤其要学会息怒，在此给大家开个平息怒气的“药方”，生气时不妨试一试，做个情绪排毒。

喝水　大家知道出汗和排尿都是人体排出体内废物与毒素的方式，而这些过程都离不开水的作用。生气时，喝杯水能帮助体内的游离脂肪酸排出，还可以减小它的毒性。

呼吸　专注地、深而缓慢地吸气4～5秒钟，然后呼气6～7秒钟，这样反复若干次后，可以让我们的肺泡得到休息，充足的氧气还可以改善大脑的状态，帮助我们冷静下来。

坐下　要知道人在站着时，激素分泌最快，但若坐下分泌得就没那么快了。而且坐下这个动作，也会大大减少发生冲动的概率。

微笑　人们在咧开嘴微笑的同时，脑海里就会立刻浮现一些愉快的事，这会促使所有器官从准备“战斗”的状态中获得解放，不过任何排毒的方法，都是生气之后的补救措施。

对于生气这种不良的情绪，最应做的当然还是要调整自己的心态，做到不争、不妒、不急，坦然面对人生的各种不如意，这才治标又治本。

解决矛盾　记住五要素

研究发现，不和睦的家庭与和睦的家庭相比，产生矛盾的频率并无差异，只是解决矛盾的方式不同而已。要想圆满地解决矛盾，不妨参考以下5个要素：

1. 反思自己。矛盾的产生必然是双方的责任。找到并承担自己的那一份责任，能使对方也开始反思。这就是古人常说的“贤人争罪，愚人争理”。

2. 关注对方的感受。冲突中的人会下意识地以自我为中心，忽略对方的感受，从而口不择言。如果站在对方的立场，想想他的感受和动机，就不会那么气愤了。

3. 控制自己的情绪。人容易被自己的情绪所感染，越说负面的事就越伤心，过度情绪化还会使我们偏离事实。不妨找个朋友说说事情原委，听听建议，才不至于任由情绪泛滥，误导自己，误伤他人。

4. 别切断联系。人在冲突后会拉远心理距离以获得安全感。一气之下离家出走或冷战，比吵架更具破坏性。因此，气头上可以出去，但半小时就回来，冷战别超过一天。保持心的联系才能解决问题。

5. 回忆美好往事。人在情绪激动时，容易将注意力全部放在冲突上，而忽略美好的记忆。所以，多回忆对方的好处，才能不在冲动下做出错误决定。

夫妻当如“筷”

一、两根筷子只有心往一块想，劲往一处使，翻转腾挪，运用自如，满桌全席，方能想啥吃啥。同样，夫妻只有互帮互助，目标一致，上孝老人，下泽子女，才能家庭和睦，生活幸福，家和万事兴。

二、一双筷子，尽管心劲相一，但总还要有主有次，一般靠大拇指的那根筷子挺牛，基本不动。最活跃的是食指和中指夹的筷子，张缩夹送挺累。大多夫妻还是男主外女主内，挺累的是搂钱的耙子，多为阳性；挺牛的多为装钱的匣子，泛指阴性。

三、筷子上方下圆。上方便于拿捏，下圆便于下箸。使用起来才能配合默契，得心应手。夫妻相处同样也要讲究“方圆”艺术，相互理解体谅，关心爱护，方可相伴到老。

四、无论菜是荤是素，冷热香甜，一同挥箸品尝。筷子不惧炎热寒冷，共赴天地凉热。夫妻关系也该如此，大难来时共承担。

五、筷子既要一样直，又要一般齐，否则，就不成为筷子了。夫妻地位平等，是维系美满家庭的根本要素。若自恃条件优越，盛气凌人，颐指气使，任性专横，显然是不能有幸福婚姻可言的。

六、筷子形影不离，洁身自律。两个人的事情就两个人办。一根筷子办不成事，三根筷子，四根筷子更是帮倒忙。所以，筷子拒绝“小三”、“小四”是绝对没商量的。夫妻也是这样，缺了一方，那就是凄风苦雨；但“小三”、“小四”来插足，轻者妻离子散，重者家破人亡。

如何改善疲惫婚姻

一、小别胜新婚　再相爱的两个人天天黏在一起，也有互相厌倦的那一天。所以不妨偶尔分开一下，尝试独自旅游或是到亲友家里小住。但切忌长时间分离。

二、爱情催眠术　要强迫自己发现配偶身上的优点，只有在你的心里积累起对方足够的好，彼此的感情才会有提升。同时要注意，千万不要将自己的配偶与其他人做比较。一旦你去比较了，就会觉得自己身边的这个比较差。这倒不是因为你选错了人，而是天长日久，你们之间已经没有了距离，也就没有了美感。

三、学会共患难　夫妻要共同面对生活难题才更有融入感。不要以为把所有的问题都自己扛才是对对方的爱，这本身就是不信任的表现。当两个人一起经历了很多困难，牵着手把沟沟坎坎都走过来的时候，你就会发现，你们真的能做到白头偕老了。

婚姻里耍些小花招

花招一：爱情逆向操作　有一个女人，丈夫出差在外，她从不跟踪追击，也不缠着相伴，送丈夫出门时，故作兴奋地说："今晚我可以请很多朋友来会餐了！"丈夫从外地宾馆打电话回家，前三遍她是绝对不接的，她要让对方焦急。这位女士很聪明，她坚信这么一句话：男人会敬重一个他永远无法征服的女人。

花招二：你办事我放心　在人际关系中，没有爱，但有信任，关系仍然可以维持，而且坚如磐石。可是如果没有信任，纵然有爱，有欣赏，甚至有利益，一切也如沙上的城堡，瞬间就会瓦解。

当我们以负面的态度看待对方，对方就可能从阴暗面对待我们；当我们从正面的信念看待别人，别人就可能以光明面回报我们。

花招三：珍惜的心　如果一个女人能把心思更多地放在自己的男人身上，而不是抽象的、理想的"爱"上，她就会更真切、实在地感受到丈夫一举一动一言一行的可爱与可贵，她就会更珍惜这一切，就会真正实践着爱、体味着爱，而不是期盼着爱。

花招四：不要相敬如宾　朋友间相敬是一种尊重，也是礼仪的要求。但夫妻不同于朋友，在爱人面前不必自我束缚，可以尽兴尽情呈现自我，即使"原形毕露"也没关系，因为是夫妻，这是一种信任，也是一种依赖，夫妻间若不能这样，你还要和谁"这样"？

老年婚姻也要保鲜

1. 吸引伴侣的注意。要想方设法吸引对方的注意力，有时深情凝视这样的小技巧就能奏效。盯着看，起初会让对方不太自在，随后他 / 她就会主动开口，问你是不是有什么话想说。

2. 参与对方的兴趣。新培养的兴趣、爱好或常锻炼，都能减少倦怠感。伴侣间应互相支持，积极参与彼此的兴趣，这会给夫妻关系注入新的活力。

3. 翻看老照片。不时地一起回忆初恋时光，如翻看初恋时的老照片等，可以提醒伴侣不忘爱的初衷。美好回忆还能激发新的浪漫。

4. 照顾对方的性格。研究发现，性格外向的人更易感到无聊，因此需要更多的刺激来保持他的兴趣。这就意味着他们的配偶需要在婚姻关系中主动求变，经常给对方来一些“新花样”。

婚姻幸福的“诀窍”

婚姻是自己的事情。传统观念认为，结婚是两个家庭的事。因此很多人在处理婚姻问题时，都会咨询父母的意见，父母也会“主动”干涉子女的婚姻生活。这样一来，夫妻俩的私人空间就会被一再压缩，甚至会有被人操控的感觉。所以，真正幸福的夫妻，是不会让别人来为他们做决定的。

找到“公共空间”。婚姻包括“我的空间”和“我们的空间”。如果一方过于强调“我的空间”，那共同点就会越来越少。因此，不管多忙碌，都要尽量抽出时间，一起做些事情，如一起洗碗等。这些简单的家务不会耗费太多体力，但能让你们在轻松的氛围下聊聊天。

将伴侣放在首位。遇到烦心事，应该先和伴侣商量；购买礼物时，不忘给伴侣准备。有条件的夫妻最好别和父母同住；在孩子 1 岁时，就应培养他们自己睡的习惯。

争吵时，别找朋友、同事抱怨。关系越是亲密的人，越容易混淆问题、偏听偏信。若是和伴侣发生争执，最好找一个“局外人”聊聊，如婚姻咨询师等。他们能给出比较客观的意见。

寻找新榜样。我们对婚姻的认识，多来源于父母。这是弗洛伊德所述的“恋父 / 母情结”，并不公正。不妨参考一些你们都喜欢的家庭电视连续剧，从中寻找你们都认可的婚姻模式，并以之为榜样。

别强求两家变一家。别希望伴侣能像你那样爱着你的父母。婚姻的联系永远无法和血缘相提并论。但也别把“你们家”、“我们家”分得太清楚，以免造成隔阂。

别羡慕朋友的生活。你可能只看到了朋友生活中好的一面，但不知道阴影下的另一面。不要把朋友的家庭套用到自己头上，他们周末去郊游也好、节日时有鲜花美酒也罢，都比不上你和伴侣相濡以沫、彼此相知相守。

好习惯“惯”出幸福婚姻

1. 在婚姻里养成好习惯

婚姻，其实是一种习惯，坏习惯会酿成坏婚姻，好习惯就会形成好的婚姻。

坏习惯包括没完没了的指责抱怨、永不停止的啰唆唠叨、动不动就用离婚来威胁、经常以性做手段来惩罚。好习惯则涵盖了支持、鼓励、倾听、包容、信任、尊重和求同存异。

2. 给男人一个宽容的空间

你是妻子不是侦探，疑神疑鬼自己累男人累，最后真的整成你最不愿意看到的结局。

3. 别动不动就说“离婚”

婚姻里的男人和女人千万不要把离婚两个字挂在嘴边，说一次伤一次心，总有一天念成婚姻的咒语！

4. 离婚女子不要太急着找下家

不要急于勉强自己，得给自己一段时间总结过去。最重要的是如何走好下一步棋，好男人任何时候都可以走进女人离婚后残缺的生活，太仓促地步入另一段婚姻不会是一个好的开始。

夫妻交流肩并肩

肩并肩交流　如果你想和丈夫聊聊比较棘手的问题，如数落他玩得太疯、不顾家时，绝不能采取面对面的谈话方式。专家指出，在一些尖锐的谈话中，持续、直视的眼神交流会让男性恐惧，而且面对面时，男性会本能地进入“生存模式”——“要么战斗，要么逃跑”。所以，如果要找他谈话，最好选择在一起散步、开车或坐在沙发上看电视等时候。

直奔主题　最近一项研究表明，男性的大脑会把男人的声音当成“演讲”，把女人的声音当作“音乐”，所以男性对同性的声音会更严肃对待。为了保证丈夫听进去你说的每一个字，妻子应该简短、清晰、响亮、迅速地说出来。

让他知道你要发泄　男人是天生的“问题解决者”，眉头皱起就表示他在思考如何解决某个问题。当妻子对丈夫诉说某种困境时，他会主动认为应该帮对方寻找一个解决方式，而不是简单地倾听。所以，女性在倾诉前应该让男性清楚你究竟想要什么，最好以这样的方式开场：“我真的需要把这些闷在心里的事说出来，你安慰安慰我就好了。”

夫妻沟通六大雷区

一、违背夫妻相处必须相互尊重和平等的原则。一方居高临下，对夫妻沟通极其有害。

二、只讲面子，不讲“里子”。例如，丈夫宁可得罪妻子，也不会去得罪他人，如自己的亲戚、朋友等，这损害了夫妻联盟，容易破坏夫妻认同感。

三、以为对方完全明白自己的意思，不用自己去解释、说明。其实，夫妻之间应该设法让对方明白自己的意思或想法，至少不要误读自己。

四、不注重调情示爱（如送表达心意的礼物，说些赞美语言）的习惯，缺乏生活情趣，认为“没有沟通的时间”，或强调都“老夫老妻”了，甚至认为调情示爱是“不正经”。其实调情示爱可以培育浪漫情愫、增添夫妻凝聚力。

五、不能及时给自己创造沟通的条件和时间，在三人世界、多边关系的家庭，应该创造夫妻单独相处的时间和空间。

六、忽视性知识与性沟通的积极意义。所谓“夫妻无隔夜之仇”就是强调性沟通的积极作用。

让婚礼刻骨铭心的小秘诀

写一封信，最好是手写，记下你们对新生活的展望和梦想，并将它收藏起来。直至你们以后的岁月。如二十五周年纪念，一起打开它，看你俩生活是否如当初的祈望。

在请帖上印上路线图，让嘉宾们清楚地知道婚礼举行的确切位置。

为你们的怀念拟定一个主题吧！还有鲜花的配合是很重要的，要注意不同的鲜花有不同的特别意思。

新婚夫妇喜欢打破传统，那么为自己拟订一份别开生面的讲词吧！

在会场内预备一间新娘房，可作新娘休息之用，也可存放珠宝首饰和衣服。

由新郎带领父母进入会场就座，以示尊重。

请一位朋友或家属将你们初次见面的照片或录像带剪辑好，在会场中播放。

安排乐队献唱或在场中播放音乐。

当你和伴侣欢度蜜月旅行期间，不要忘记为父母带来惊喜——寄张明信片给他们。

快乐丈夫的五个真实谎言

男人们大都会对自己的妻子说谎，当然女人也不必大惊小怪。有人把他们的谎言排行榜中的前5个作了真实的披露。

谎言1：“我能修好。”

撒谎原因：维护自信心。如果一个男人不能修好家里的一件工具，他一定会撒谎说已经坏了，无法再修了。

谎言2：“我给你打过电话。”

撒谎原因：自卫。所有的男人都自以为是圣人，至少也是超乎一般的好人。所以，当你因为遇到丈夫忘了给你打电话，或者他约会迟到，请多多原谅他吧。

谎言3：“亲爱的，我是最好的！”

撒谎原因：让你觉得自己嫁有所值。男人在描述他们的勇敢和强大，他们的经历，或者他们在工作中举足轻重的地位时，常常会有些言过其实。

谎言 4：“我过去的女朋友？就那么回事。”

撒谎原因：自我保护。大凡女人都很好奇，想知道丈夫过去女友的真实情况，当隐私观念较强的男人面对这样的问题时，敷衍了事就可想而知了。

谎言 5：“我永远也不会对你撒谎。”

撒谎原因：希望你能快乐地生活。这是男人使女人消除疑虑的浪漫话语，这要看他是什么样的人，以及你们婚姻关系的牢固程度，也许要用一生时间来寻找答案。

现代夫妻“新法则”

美国出版的一本名叫《现代夫妇》的书，介绍了现代婚姻关系应该遵循的几个新法则。

爱人优先

从甜蜜的爱情阶段步入“权力之争”的婚姻过程，每对夫妻都会本能地感到失望和觉醒。为了逃避，一些人把注意力转向工作、朋友，让另一半感到沮丧、孤单。但是维持一个健康的婚姻关系需要你把彼此的优先权放在工作和朋友之前。

要求：和爱人协商加班或会见朋友的时间；让爱人优先于自

己；不要一个人滔滔不绝地讲，另一个只顾倾听。

先自爱才会爱人

人们普遍认为保持健康的婚姻关系，首要任务是爱对方。但是该书的作者提出，为了能更好地爱对方，我们首先要爱自己。

要求：接受并正确评价自己的欲望、感情和直觉。

没有夫妻是平等的

没有任何一对夫妻是平等的，夫妻之间的年龄、智商、社会地位都会有差异。

要求：不要固守“男主外，女主内”的思想；铭记“过多的期望”是“怨恨”的种子；与对方分享工作中的经历。

要听出“话外音”

夫妻间良好的沟通不是听对方说的每句话，最重要的是要听出话背后隐藏的感情。

要求：爱人说话时，不能心不在焉，不要急于插嘴、评价，要弄明白对方的感情基调后，再给予恰当回应。

学会依赖对方

经济过于独立的女性对婚姻关系十分不利，共同经历风雨才会让夫妻关系历久弥坚。

要求：和爱人学习相互依赖，创造把自己“交给”爱人的机会。

有些话题妻子千万不要提

千万别当面批评他的母亲，这样会伤害他的感情。动辄就“你妈怎么着……”、“我比你妈强多了”的妻子让丈夫望而生畏，要记住，永远不要想表现得比他妈还贤惠。

不要把他的饮食习惯或不良嗜好作为话题公开谈论。你不妨在别人面前称赞一下他的优点，例如，工作出色，衣着品位高，厨艺十分精湛，他必定会很高兴。

不要对比他的缺点来夸奖另一位男士，他会感到被看不起和被奚落。男性通常对同性缺乏安全感，若你以别的男士的优点来和他作比较，可能会令他忐忑不安。

不要没完没了地劝他争取升官加薪或“跳槽”。很显然，有这种想法的女人往往有很强的虚荣心，所谓“夫荣妻贵”。当然，鼓励丈夫发愤图强并没有错，但是，如果不根据实际情况，总是制造压力，可能会适得其反。一句话，逼夫成龙的女人太愚蠢。

不要追问他“私房钱”的用途之类的事。男人不仅需要私房钱来消费烟酒，更需要足够的活动经费来满足日常的应酬。私房钱，已不仅仅预示着男女平等，更是精神危机下的物质依托。

爱情感悟十条

1. 不要轻易说出承诺，也不要轻易相信诺言，因为那永远只属于那时那刻的感觉，有一天感觉没有了，诺言也随之消逝。

2. 不要在诺言消失的时候去责问对方，“你为什么这样？我们以前不是说好的吗？……”因为你的这种行为只会让对方觉得厌恶。

3. 如果你发现自己放不下对方，那就不要再强求自己去忘记，因为这样只会让你更加痛苦，让一切顺其自然吧。

4. 男人一定要先有事业再有爱情，特别对于那些想找个漂亮老婆的男人们，因为恋爱是快乐的，但生活是现实的，漂亮女人是不会甘心放弃过自己本可以过的生活而去过苦日子的！

5. 如果你还很爱对方，想继续爱，继续对对方好，那就去做，但不要刻意让对方知道，因为刻意的爱，对方只会觉得你纠缠不清，要相信老天爷是公平的，你做了，就会有回报，总有一天对方会知道。

6. 不要试图用另一段感情来掩盖自己的痛，如果你真的爱对方，这样只会让你自己更加痛，同时还伤害了另一个人。

7. 不要去刻意了解对方的过去，因为每个人都有隐私，你爱的是现在的她，而不是过去的她。

8. 不要欺骗对方，也不要被对方骗，因为两个人在一起信任是最重要的，骗人是最伤人的！

9. 不要轻言放弃，爱情没有你想象的那么脆弱，只是我们把它弄得很脆弱。

10. 不要每为对方做一件事都想着要对方怎么回报，要对方怎么对你好，其实爱情里永远没有公平，所以如果对方也爱你，那你会感觉到爱的。

稳定婚姻，需要30年

一般来说，婚姻要经历五个阶段，每个阶段各有特点，了解它们，或许能让你们豁然开朗，真正白头偕老。

磨合阶段

婚龄为 1 ~ 5 年（年龄 25 ~ 29 岁）

如果是有孩子的家庭，在孩子 3 岁前问题更严重。带着憧憬步入婚姻的恋人们发现，原来早晨喝豆浆还是牛奶、晚上吃米饭还是面条都可能成为争吵的导火线。此时，双方最需要的是包容，最忌讳的是“强硬”。

伙伴阶段

婚龄为 6 ~ 17 年（年龄 30 ~ 41 岁）

经过第一阶段的磨合，夫妻在工作及家庭生活中已达到某种平衡。两人齐心合力抚养孩子，事业均处于上升期。此时夫妻多是按部就班地过日子，容易陷入琐碎和迷茫之中。建议双方都主动为生活“添点料”，可以多做些热恋时做过的浪漫事。

证实阶段

婚龄为 18 ～ 29 年（年龄 42 ～ 53 岁）

两人逐渐形成了各自新的思维模式和价值观，事业上，可以说都达到顶峰，因此面临的诱惑增多。此时两人容易固执己见，谁也不服谁。若在诱惑面前把持不住，婚姻便会亮红灯。回归二人世界是最好的化解之道，建议常做短途旅行。

交换阶段

婚龄为 30 ～ 38 年（年龄 54 ～ 62 岁）

如果夫妻能走到这个阶段，婚姻关系已经很牢固了。爱情早已转为温馨的亲情，基本不会再出现大的裂痕。男性衰老迹象逐渐显现，尽管退休是两人都要经历的过程，但对丈夫的打击明显大于妻子。妻子会成为丈夫生命中最重要的部分。

至爱阶段

婚龄 39 年以上（年龄 63 岁以上）

“执子之手，与子偕老”成为此阶段最好的诠释。双方相依为命，真正达到“你中有我，我中有你”的最高境界。至爱阶段的夫妻关系本身毫无问题，但夕阳西下的失落感和无用感日益加重。因此，对他们来说，子女的关爱是最好的良药，做子女的要多花点心思。

家庭矛盾巧化解

婆媳关系——彼此尊重

媳妇要孝敬婆婆，婆婆也要真诚对待儿媳。有了矛盾或意见，最好双方能开诚布公地坐下来聊聊，多站在对方的角度考虑。交谈要以尊重、对事不对人为前提。公婆在家庭利益分配方面要尽量公平公正，媳妇在对待双方老人、家人方面要将心比心，一碗水端平。

姑嫂关系——多融合，少拆台

俗话说：“小姑贤，婆媳亲；小姑不贤乱了心。”媳妇入婆家门后，要接受婆婆对大小姑原有的亲密态度，如宠爱、偏袒，因为那是一种习惯；而大小姑在父母与嫂子（弟媳）发生矛盾时，不要“同仇敌忾”拆台，而要利用自己与父母的亲密关系，多从中调解、周旋，力争使家庭成员彼此亲近而不是疏离。

夫妻关系——用心经营

夫妻间要加强了解与沟通，彼此理解、包容，遇到鸡毛蒜皮小事要彼此学会妥协。

隔代关系——中间力量是轴心

隔代关系有两种，一种是老年的父母与子女、婿媳的关系，也有年轻父母与未成年子女的关系。在对待父母方面，要多关怀、倾听、粉饰太平；对待未成年子女，要多引导、帮助、交流，多与孩子交心，少指责、打骂。

枕边话最忌“审案”

枕边话语最好讲述一天最快乐、最有意义的事。

还可以回忆最浪漫的往事。其实，更经常说的是待人处世的感受，只有在这个时候，彼此才能静下心来品味酸甜苦辣。

枕边话语最忌“审案”。

今天为什么这么晚才回来，是不是跟哪个女人约会去了？刚才打电话的是谁？审案的效果，会让对方觉得自己不是在床头，倒像是在衙门里，情绪能好吗？

枕边话语忌埋怨告状。

把自己倒霉的事没完没了向对方倾诉，仿佛世界上不顺心的事都摊给了你，这会让听者不胜其烦。

枕边话语还忌单调、重复、枯燥无味。

你只要连续 3 个晚上只向对方说“关灯，睡觉吧！”对方肯定说你是山沟里的农民。相反，在灯光下，深情凝视对方，四目传神去诉说感情，那将是别有一番韵味。

巧抱怨减少夫妻冲突

挑选好时机　你在气头上，他正烦着，决不是抱怨的好时机。不仅你控制不了情绪，他也很容易反感和排斥。

降低音量　不是气冲冲地把声音抬高八度，恰恰相反，控制声量就等于控制情绪，把声音降低到只有他能听到的程度。

私人场合　如果你当众指责他做错了，他会很恼火，并叛逆地拒绝改正。你可以避开冲突的环境，选个户外场合，广场、公园等开阔的场合更能听进抱怨的内容。

提出解决方案　当你抱怨完不满的地方后，不妨建议他提出解决问题的方案，如果他没有什么好主意，你就提出合理的改善建议，这样能避免长时间的争执，更快地达成共识。

书面抱怨　如果你无法控制情绪，次次抱怨都变成了世界大战，不妨换种方式，以邮件替代面对面表述。人把心里话转化为书面表达，需要思考一定的语言逻辑，是一个自我冷静思考问题的过程，能避免过激的态度与行为。

“共性习惯”增强夫妻幸福感

美国心理学家和临床医学家们长达数年的追踪调查发现：幸福的夫妻有一些“共性习惯”，他们在日常生活中会本能地遵守一些“条款”。

并不是每次都要说出真相

似乎听起来有些违反常识，但是和伴侣保持“100%的透明度”并不是件好事。在讨论一些棘手的敏感话题时，如双方的家庭如何，最好“三缄其口”，不要把自己的喜怒哀乐一股脑倒给对方，“保留的话”才能真正增进感情。

夫妻吵架无胜者

因为两个人的个性和生活方式有根本性的差异，夫妻之间任何一方都不能试图改变对方的“臭脾气”。那种认为每次吵架必有胜利一方和道歉一方的想法是要不得的。我们应该尽量想出补救措施，而不是陷入无休止的争吵中。

每月几次共度时光

生活中普普通通的活动，无论是一起购物，还是一起做饭，都是幸福夫妻共度时光的妙招。而且这样的活动不要太频繁，每月几次就够了。

抚摸小动作比性爱更重要

斯坦福大学的心理学家刘易斯·特曼发现，经常保持着身体上的接触，拍拍肩膀、摸摸脸蛋之类的小动作远比性生活更能促进夫妻间的感情。

回味美好时光

埃克塞特大学心理专家珍妮特·瑞波斯坦采访了200对关系亲密的夫妻，发现他们有个共同点：即使两人吵得不可开交，他们仍然会以“历史的眼光”看待问题，回味对方以前疼爱自己的一点一滴。他们相信吵架是婚姻中不可避免的事情，所以就不会那么“投入”地斤斤计较。

婚姻易被七种心态摧毁

1. 对婚姻的高期望心态　从恋爱到结婚，我们一直都被甜言蜜语包围，所以对婚后生活有很高的期望。但随着婚后需求的无法满足，失望与绝望的情绪就会像“黑云压城”一般向我们袭来。其实，并不是那个人欺骗了你，而是对婚姻的高期望心态欺骗了你。

2. 过于自尊和敏感的心态　过于自尊和敏感会把自己的婚姻逼上绝路。夫妻双方中就会有一方认为自己的配偶在轻视自己，弄得过于敏感。长此以往只能加速另一方逆反心理的形成，增加心理上的沉重感。

3. 推卸责任的心态　生活中，当风雨袭来时最需要的是双方的责任心与同舟共济，而不是相互责怪、逃避和推诿。

4. 期望回报的心态　有些夫妻的婚姻就像拉大锯，我为你付出了多少，你就得回报我多少；我对你好，你就得对我好。如果有一方做得不够好，另一方的失望、烦恼、不开心就会如期而至。

5. 不尊重的心态　结婚久了，便会认为对方早已是自己的人了，从说话的方式到家庭事务的处理随意性都会很大，很少再去顾及对方的感受和态度。其实，在一个家庭中，尊重是夫妻和谐相处的基础。

6. 不宽容的心态　在一个家庭中，能干不能干，做得好不好是相对的，很多事情都是由不会做到会做。但有不少夫妻稍不合自己的心意，就会指责对方，时间长了被指责的一方会产生反击的心理。

7. 过度依赖的心态　夫妻双方在感情和心理上的相互依赖可以加深彼此之间恩爱的程度，但过于依赖就有可能成为对方情感和心理上的包袱。

幸福婚姻四要素

一、充满安全感，依赖彼此　情人之间一开始存在疯狂的迷恋。热恋期过后是平淡期。这可以是感情的升华，也可以是感情的末路——相处好的情人会进入一个虽然平淡，但彼此依赖，充满安全感的时期，这种力量能使得一对夫妻白头偕老。而另一种可能走向灭亡。

二、自由自在，想说就说　如果连家都不能让你畅所欲言，你说是不是很压抑呢？可这样的事常发生在中国家庭里，一方提不同意见，另一方不合意就不理睬她，长期下去，为了避免不快，一方就会变得沉默寡言。婚姻表面和平了却暗涌不断。健康婚姻的标志之一就是彼此都能敞开胸怀、毫无顾虑地表达自己的感情、观点、不满等。

三、有分歧，就有解决套路　居家过日子，对事情有不同看法太正常了，如何处理分歧是大学问。如果你们已经自成一套技巧能有效地避免冲突，那么恭喜你！你们的婚姻也能更长久。

四、能说自己，也会套话　怎么把自己的建议有效地告之对方，并知道对方的想法是什么，这叫有效沟通。而不是把自己的意见强加给对方，或者说几句话就不耐烦。

谨防婚内沉默症

在现实生活中，有婚内沉默症的夫妻不在少数，他们在外面可以和领导、同事、客户、朋友、同学分享各种生活的感受，偏偏回到家里就没话对自己的另一半说。

婚内沉默症其实是婚姻生活中一种不和谐心理的反映，很多夫妻间的冲突甚至婚外情都是由于长期的婚内沉默症导致婚姻质量下降造成的。因此，让丈夫或妻子彼此共享对生活的感受非常重要。

1. 要树立与对方分享生活感受的理念。婚姻需要经营，美满的婚姻是建立在夫妻双方流畅而充分的沟通基础之上的。要时刻对爱人敞开心扉，及时表达自己的感受，让对方了解和分享你对生活的感受。

2. 要经常营造浪漫的情调。营造浪漫的方法有很多，如一起看场电影、送对方一块心形的巧克力、作一次短途旅行等。

3. 要努力经营爱情的“铁三角”。心理学家罗伯特·斯腾伯格认为：完美的爱情必须包括激情、亲密和承诺。激情指的是一种情绪上的着迷。对方的外表和内在魅力是影响一个人激情的最重要的因素。亲密指的是夫妻之间在心理上互相喜欢的感觉，包括对爱人的赞赏、照顾爱人的愿望、自我的展露和内心的沟通。承诺主要是指在内心或口头上对爱的预期，是爱情中最理性的成分。可以说，如果没有了激情，爱情就缺少了生存和发展的原动力；没有了亲密，爱情就容易枯竭；没有了承诺，爱情就多了几分崩溃的危险。

健康婚姻的5个特征

1. 能自由地表达。健康婚姻的标志之一就是彼此都能敞开胸怀、毫无顾虑地表达自己的感情、观点、不满等。

2. 知道如何处理分歧。夫妻双方都要去学习和总结如何正确地解决分歧的技能，没有这项技能，婚姻最终会走向瓦解。

3. 珍视对方的意见。一个健康的婚姻是夫妻双方创造的，受益的不仅仅是夫妻双方，还有他们的家人。夫妻双方必须尊重彼此的意见，即使你不同意，也可以求同存异，可以交流，但是绝不可以忽略。

4. 要懂得如何有效地交流。沟通的目的是创建一个和谐的、有益于身心健康的家庭氛围。

5. 婚姻是神圣的。维护婚姻的神圣性就意味着尊重、关心和避免伤害。在一个健康的婚姻中，要懂得尊重婚姻的神圣性，尊重彼此的心，履行你对幸福婚姻的承诺。

夫妻间如何坦白秘密

婚姻咨询师指出：夫妻间有些秘密纯属个人隐私或喜好，完全可以不说。但如果某件事可能影响夫妻生活，那对方就有权了解，如没有偿清的债务、慢性疾病、过去遭受的性或感情方面的问题，以及目前面临的一些重要抉择，如公司裁员等，都是夫妻间应该认真交流的话题。

坦白秘密需要一定技巧，若掌握不好，很可能会“好心办坏事”。婚姻专家总结了4个注意事项：

首先，别搞突然袭击。可以先和对方预约一下，如“我有些重要的事想告诉你，今晚能抽空聊聊吗？”

其次，挑选“泄密”的场合。最好找一个安全、中性的场所，如书房或安静的公园，最好不要有第三人哪怕是孩子在场。

再次，做好道歉的准备。正确的态度应该是上来先说“对不起”，然后再强调“这些事我很早以前就该告诉你了，但我一直羞于那样做，希望你能原谅我”。

最后，坦白时不必透露过多细节。否则会在伴侣脑海里留下不易清除的图像，对彼此的感情无益。

男人六不宜

频繁评论其他女人的优点　把你的另一半和其他女人进行对比会令婚姻生活变得十分糟糕。因此，花时间多关注一下你的另一半的优点吧，这样会令你们的关系越来越协调。

不听她的倾诉　当你的女人与你谈论一个严肃的话题时，你要关注她的情绪，并且耐心地倾听她的诉说。不要把你的想法强加于她，那样反而会令她感觉到疏远。

评论她的家庭　这样做太危险了。她和你一样也爱自己的家庭，要对她作为她的家庭一分子报以尊重和关怀的态度。可以经常让她给家人打打电话，她一定会为此而感动的。

怠慢她的兄弟姐妹　她的兄弟姐妹也是她最亲的人，当他们来家中做客时要热情接待。

在特殊的日子里与她吵架　在诸如生日、结婚纪念日等这样的特殊日子里，要让自己变得更加热情。如果这些日子里和她吵架，她会记仇的。

催促她做家务　每个人都希望下班回到家后可以休息和享乐。女人坚决认为家务活应该由夫妻双方共同分担。因此，帮她做做家务会令你们的关系更加亲密。

此外，女人们都认为自己的丈夫是最好的，她无法容忍别人对自己丈夫的差评。试着让自己更绅士些，甚至装傻、憨，这样更会让你显得可爱。

3×3爱情处方

美国乔治亚理工学院心理学张怡筠博士表示，有心理学家研究发现，幸福的黄金比例是 5 ∶ 1，就是说，那些婚姻幸福美满的夫妻，他们在日常相处中出现正面互动（例如称赞、帮助、表达爱意、开玩笑等）及正面情绪（例如开心、感动、惊喜等），是负面互动及负面情绪的 5 倍以上。

张怡筠博士指出，要达到幸福的黄金比例其实很简单，就看夫妻二人能否持之以恒去做而已。美国心理学家迪安吉莉丝有个不错的建议很值得参考，也就是“3 乘 3 爱情处方”，即 1 天 3 次，1 次 3 分钟，主动对另一半表达你的爱意。

每天的 3 次分别是在什么时候进行比较好呢？张怡筠建议，不妨试试早上起床前、白天上班时以及晚上就寝前。早上睁开眼，先别急着下床，可以抱抱另一半，享受跟心爱的人一起睡醒的温暖；在白天找个时间通个三分钟电话，让对方知道你正想着他；晚上临睡前，更该花些时间相互表达浓情蜜意，每天睡前的“枕边话”能让你消除一整天的疲惫并睡个好觉。

如何经营婚姻

爱情要时时更新生长

夫妻进入平静的生活后，要有意创造浪漫情调，让双方仿佛置于初恋的甜蜜中。记住夫妻双方的生日、结婚纪念日、孩子生日等重大节日，互赠礼物或做有意义的健身、外出、宴会等活动，烘托浪漫气氛。另外，还要学会说赞扬对方的话语。其实，男人有时也像孩子，妻子的夸奖和认可他很在意，因为这是激发他对事业、生活充满信心的力量。第三，要说善意的谎言，要及时沟通与交流，要在丈夫面前示弱和温柔顺从，要尊重丈夫的朋友，给丈夫留面子。

讲究仪表

结婚后妻子要讲究仪表，要注意服饰搭配得体，要讲究居家卫生整洁，环境幽雅，要注意个人卫生保健。要注意说话言谈举止，更要培养内在的涵养与气质。内外兼修，塑造自己独特的气质与女人的魅力。要注意锻炼身体，保持匀称的身材，呵护肌肤，时常以年轻、健康、乐观、向上的心态对待丈夫。

真心爱对方

生活中夫妻应该包容、体贴，多为对方着想和付出，爱的本身就是一种付出。真爱没有附加条件。

矛盾内部消化

夫妻发生争吵冲突，要冷处理，不要到处张扬，牵涉家人，更不要把不满撒到双方父母身上。睡办公室、分居或找朋友诉说等都是不明智的行为。夫妻关系是最特殊的也是最好相处的关系。她不同于亲情之爱，亲情之爱是以分离为归宿的，儿女长大了就像鸟儿一样飞走了，只有夫妻相伴到老，生死相依，因此，要细心呵护爱情，要理智化解二人矛盾，使这种不离不弃的情感终生相伴。

夫妻争吵讲技巧

关键词之一：我需要你

镜头回放：晚上 8 点，妻子加完班疲惫地回到家，看到丈夫坐在沙发上悠闲地看着电视，家里锅凉灶冷，早上没来得及叠的被子依然堆在床上，妻子不由得又气又委屈，“啪”地关了电视；气急败坏地数落起丈夫。正看到兴头上的丈夫被说晕了头，一场口水仗开始了。

专家解读：遇到这种情况时，表达意见应该尽量用“我”而不是用“你”开头。“你怎么能这么做！”“你太差劲了！”这样的谴责一出口就会把对方逼得不得不自卫和反击。与其怒不可遏地指责他的懒惰和不体贴，还不如先给他颗糖衣炮弹，比如，“你今天一定累坏了吧？我也是，我陪你看会儿电视，休息一下，然后咱们一起做饭好不好？”把自己和他放到同一个阵营里，表达出自己是多么需要他，这仗哪儿还打得起来呀？

关键词之二：就事论事

镜头回放：丈夫从小家境贫寒，因此生活节俭，但妻子家境富裕，从小不知愁滋味，花钱大手大脚。每次吵架时妻子最爱说的一句话就是：“你们家里的人都是小气鬼，你也改不了！”丈夫也总结对妻子的诸多不满，如好吃懒做，好逸恶劳，对老人不尊重等，两个人越看对方越不顺眼，都觉得日子越过越不顺心。

专家解读：绝对不要在吵架时牵扯出一大堆陈年旧事，不要打击对方的家人、朋友，否则“战争”将发展到难以收拾的地步。每次争吵只抓主要问题，就事论事。

关键词之三：退一步海阔天空

镜头回放：丈夫和妻子都是比较自我的人，都想说服对方听自己的，有时候竟然会为了家具的颜色、一盆花的摆放位置等小事争吵起来。

专家解读：当双方有分歧却又各持己见时，往往会吵起架来。在这时，应该静下心来，听听对方的意见，俗话说，退一步海阔天空。

夫妻吵架公约

1. 吵架不当着父母、亲戚、邻居的面吵，在公共场所给对方面子。

2. 在家里吵架不准一走了之，实在要走不得走出小区，不许不带手机和关机。

3. 尊敬对方的父母长辈，吵架不开心不能对父母无礼。

4. 有错一方要主动道歉，无错一方在有错方道歉并补偿后要尽快原谅对方。

5. 双方都有错时要互相检讨，认识到错误并道歉后由男方主动提出带女方出去散心。

6. 出气时不准砸东西。

7. 吵架尽量不隔夜。

8. 在电话中吵架时男方不准挂电话，如果挂了要马上打回去，并表示歉意，吵架时女方如果挂了电话，男方必须在 1 分钟内打给女方，电话不通打手机，总之不能气馁，屡挂屡打，但是女方也要给男方面子，每次挂电话次数不大于 5 次。

夫妻吵架和解百分百

服个软　男人的自尊心难以接受女人的过火语言和行动，即使错在自己，也绝不愿轻易向对方承认。作为比对方更具韧性的女人，适当做个低姿态，用温柔的肢体语言去感动他，远比硬碰硬来得有效。

行动表示爱意　做点能表达你的善意的小事情。为他准备点夜宵，准备第二天要穿的衣服等。如果有孩子，可以让孩子做中介：告诉你爸爸去，夜宵好了；去问问你爸，他明天要穿什么衣服等。孩子是很好的润滑剂。

撒娇　撒娇是万能药。是你错，不妨撒撒娇，承认错误了，没有一个爱老婆的男人还会生气；别固执己见，一般男人都是爱面子的，让他抱抱、背背或者偷偷地亲他一下，在他知道错的时候给他一个台阶下，他会知恩图报的。

淡化处理　老公如果很生气，最好过段时间再谈此事，否则事态会加重。更不要得理不饶人，事事抓小辫，或者翻旧账。你一定要了解，男人不肯轻易承认错误，绝不愿暴露自己的无能和懦弱。

夫妻吵架忌“人格暗杀”

“人格暗杀”在夫妻吵架中经常出现，即说一些能刺痛对方的恶毒的话，或是专门去揭对方心痛的、有忌讳的事，用以打击对方。

学会“制怒”是夫妻吵架避免“人格暗杀”的关键一招。当人发怒时，说话会出口伤人，想传达的意思传达不出。而听话的一方的心理防御机制已经启动，听不进任何解释话(指真正的交流)。所以当一方发怒时，其中另一方应该离开现场，直到对方或双方冷静下来再谈。如果怒发冲冠，非说不可，你就在心里默默数数。你从1数到10，然后再说你想说的话。心理学上对发怒和制怒的研究表明，经历几秒至几十秒的时间间隔后，说出来的话的攻击性会比马上破口而出(或破口大骂)的话要温和理性一些，对对方的伤害也会小一些。

夫妻吵架中的公正原则还涉及其他一些范围。例如，夫妇不应当着孩子的面吵架。经常这样做，孩子可能学到这种坏习惯，即把夫妻之间的关系建立在吵闹之上。

更为严重的是，如果夫妻一方把对方不好的事向孩子倾诉，试图把孩子拉入统一战线用以攻击对方，那将会对孩子的精神和人格带来灾难性的后果。

总之，夫妻之间，绝对不吵架是不可能的，但吵了要解决问题才行。所以在吵架中，至少应学会把握一些原则。这样，既不失公正，也少一些对彼此的伤害，多一些解决问题的理性和方法。

夫妻闹矛盾　和解有妙招

1. 用打电话或留言的方式向对方表示问候、关心和歉意。有些话当面难以启齿，打电话或留言，彼此都比较自然，对方也较能接受或谅解。

2. 把知心朋友或好邻居请到家里，谈谈家常，夸夸自己的配偶，有说有笑间夫妻的紧张关系得以缓解。

3. 买一种对方喜欢或一直想要的东西送给对方，以示自己的心里还挂念着对方，必能激起对方对以往美好生活的回忆。

4. 餐桌上添加对方喜欢的一道菜肴，有意放在对方面前，以示对对方的疼爱之意。

5. 努力为对方“下台阶”创造条件，做好让对方发牢骚的准备，承认对方“有理”。

6. 像对“病人”那样关心、照顾对方的生活，注意对方的意愿，从而唤起对方的感情。

7. 努力亲近对方的父母、兄弟、姐妹、挚友等，并争取同情与帮助。

8. 关系稍微缓和时，两人一起去市场买东西，一同看一场电影或外出郊游，使对方意识到两人依旧同心一体，互为依靠。

夫妻吵架时要做两件事

一、澄清对方的想法，也要清晰地表达自己的想法。举例来说，对方说："我觉得你真的很自私。"你千万别急着反击："那你呢？你又好到哪里去？"你应该静下心来，问一下对方："为什么你这么觉得，我做了什么事情让你感觉这样子？"这就是在澄清对方的想法。

如果对方提出的证据，你觉得不合理，你也应该要讲出你为什么觉得不合理的理由。清晰地表达彼此的想法，两个人的争吵才有可能有焦点，不然，很容易流于瞎打乱撞，吵不出什么结果。

二、理清彼此的需求。问对方："你要我怎么做？我怎么做你才会满意？"或者清晰地告诉对方，你要的是什么？他要怎么做你才会满意？ 举个例子来说，当对方说"你每次都不会在意我的感受"时，你可以问她："我要怎么做，你才会觉得我在意你的感受？"如果她说："我希望你能够常常陪我。"那么你可以问她："你觉得一星期要几天陪你，你才会觉得我在陪你，而没有忽略你的感受呢？"

降低离婚风险十法

方法一：恋爱两年再结婚 研究人员称，如果一对恋人在恋爱了两年零4个月（这是恋爱的平均时间）左右结婚，他们的离婚概率会相对较低。而相识后匆匆结婚和迟迟不踏入婚礼殿堂的人离婚的风险较高。

方法二：婚前同居需慎行 研究人员发现，婚前同居的人离婚的风险更高。

方法三：长大一点再结婚 统计显示，25岁以后结婚，婚姻长久的概率更大。

方法四：婚前谈妥重要问题 你俩想要几个孩子？你会如何理财？在蜜月前讨论这些问题很重要。

方法五：不要让争辩变成“世界大战” 研究人员戈特曼和列文森称，他们能通过观察一对夫妻争论中的负面方式以及建设性积极沟通的程度来预测两人是否离婚。争论中要避免批评、轻蔑、过度保护自己和拒绝。学会用幽默和亲切的话语缓和激烈争论。

方法六：老公老婆一起玩 是的，你们两人都需要有自己个人的兴趣和爱好。但是，过分强调自我可能会导致分离，或者逐渐分离。

方法七：要分享家务 如果一方承揽多半家务，而另一方却懒散悠闲，这是离婚的“秘诀”。

方法八：相敬如宾替代发布命令　有时我们会以最无礼的方式对待自己最爱的人，自己却没有意识到。经常彼此表扬，记得说“请”和“谢谢”，而不是发布命令或者唠叨不休。

方法九：有了问题要及时解决　有酗酒的毛病？其中一方红杏出墙？如果你或者你们有了这些问题却不想办法解决，离婚的风险就会大大增加。

方法十：和想结婚的人结婚　如果你需要乞求、甜言蜜语哄骗，甚至靠发布最后通牒才获得了婚姻，那你应该意识到，他或她或许根本不想结婚。

正确应对四类离婚冲动

感受一　我们没有共同语言　出现这种消极感受后，不要轻易否定婚姻本身，而要积极回忆从前，学会轮流迁就对方。另一方面，也可以从头培养一个夫妻二人的新兴趣，比如共同开始饲养一只宠物，入门一款电脑游戏，拥有共同的朋友等。

感受二　我们审美疲劳了　时间是不可逆转的，审美疲劳只是出现了暂时的“时间性消化不良”，并非将爱情消磨殆尽。因此应当尽量做一些能使你和他/她都体验到“时间意义”的事情，比如在地图上标刻下所有共同游历过的城市；彼此约定在一段时间后就送给对方一件心仪的礼物等。

感受三　遇到“相见恨晚”的人　婚后出现的这种“比较法”，最易产生的不公平是你很容易拿对方的优点来比较现任配偶的缺点。因此，当你遇到令你感觉“相见恨晚”的人时，不妨也拿他/她的缺点与自己另一半的优点来比较，平衡的比较才是公平的比较，而这种比较也可以帮助你更加客观全面地认识婚姻。

感受四　爱情已经变成亲情了　感觉上近似兄妹亲情的男人和女人其实并不是兄妹，因此保留适当的吸引力是至关重要的。女人仍然可以偶尔撒娇，男人仍然需要帮厨，当所有的日常琐事都在延续爱情的轨迹，亲情的感受又怎么会令你黯然神伤呢？

离婚案　被告不到庭可缺席判决

问：我和丈夫感情不和，冷战了好几年。去年，我起诉到法庭提出离婚，但我丈夫一直都不到庭，法庭以相关事实难以查清为由一直没有判决。请问，我该怎么办呢？——李女士

答：一般涉及身份关系的诉讼，需要当事人亲自到庭，离婚案件就是这类诉讼。离婚案件如果双方当事人不到庭，相关事实就难以查清。民事诉讼法律规定，原告无正当理由不到庭的，视为自动撤回离婚起诉；而被告不到庭，却不能视为其同意离婚。对于离婚案件中，被告拒不到庭的应视具体情况而定。一般来说，根据民事诉讼法律规定，需要当事人亲自到庭的案件，经过人民法院二次以上正式传唤仍不到庭的，人民法院可以对其采取拘传

措施，或者可以进行缺席审理、判决。缺席审理、判决，并不是说完全按照原告的诉讼请求来判，法庭仍进行法庭审理，只不过视为被告放弃了质证与辩驳的权利。只要原告的诉讼请求与举证证据没有原则性错误，一般会得到支持。

离婚　不轻易说出口

说起离婚这个话题，我这个有十几年婚龄的人，从来没有说过“离婚”这个词，连开玩笑的时候也没说过。不是说自己的婚姻多么甜蜜，十几年平平淡淡从从容容地走过，哪能没有磕磕绊绊，就像天气预报中的偶尔多云，最后总会转晴，生气归生气，那个念头却从来没有冒出来过，总会想“没什么大不了的，过几天就和好如初了”。结局果真如此。

结婚前，老爸对我们姐妹下令道：“男朋友都是你们自己选的，父母可都没有包办强迫。记住，吵架时谁也不许回娘家，我们看着闹心，自己的事情自己解决。”现在老爸离我们而去多年，这句箴言却帮助女儿们缔造了自己幸福的婚姻。身边的确有许多女友和老公一生气就跑回娘家，不但使战争不断升级，还使娘家婆家心中生出许多芥蒂，实是不智的表现。

夫妻之间矛盾的导火索往往都是些芝麻绿豆大的小事，甚至为一句话都能吵得不可开交，就权当那是生活中的调味剂吧。虽然老公比我年长好几岁，每次生气却都是我去哄他，既好气又好笑。家是讲情不讲理的地方，不存在对错和输赢。多念念平日里的好，摒弃杂念，善待婚姻，收起自己的锋芒，多一分相互间的体贴与宽容，渐渐地发现竟能和谐相处了。

夫妻间要纠正观念，不是原则性的问题，是可以主动承担的，最主要的是面对婚姻问题时，应考虑如何解决问题，而不是逃避，不让问题沉积得越来越多。

网上热议中国式的婚姻面临巨大挑战，离婚率直线上升，这与社会的开放度有很大关系。可是对于有十几年婚龄的我们来说，身边的伴侣看似平淡无奇，有时甚至难以忍受，但是岁月早已将彼此融合到一起，成为自己生命的一部分。在一起的时候也许不会珍惜，假如分别，又会发觉难舍难离。

既然如此，就把婚姻当作一件易碎的需要细心呵护的瓷器吧，离婚，不要轻易说出口！

离婚了　还可以要求损害赔偿吗

四种情形可请求损害赔偿

损害赔偿责任是为了保护无过错一方，在离婚时，为了得到一定补偿而应当由有过错方承担的一种责任。有下列情形之一，导致离婚的，无过错方有权请求损害赔偿：（一）重婚的；（二）有配偶者与他人同居的；（三）实施家庭暴力的；（四）虐待、遗弃家庭成员的。

损害赔偿可单独提起诉讼

无过错方要求损害赔偿应当以离婚为条件，如果不要求离婚，只是要求损害赔偿，法院不会受理。

如果双方协议离婚，在婚姻登记机关办理离婚登记手续后，向法院提出损害赔偿请求的，法院都会受理。一方在协议离婚时已经明确表示放弃该项请求，或者在办理离婚登记手续一年后提出的，法院不会支持。

在诉讼离婚中，无过错方提起损害赔偿请求的，必须在离婚诉讼的同时提出；无过错方作为被告的离婚诉讼案件，如果被告不同意离婚也不提起损害赔偿请求的，可以在离婚后一年内就此单独提起诉讼。

过错方作为被告的离婚诉讼案件，一审时原告可提出损害赔偿请求。二审期间提出的，人民法院应当进行调解，调解不成的，告知当事人在离婚后一年内另行起诉。

离婚后提出赔偿有时限

损害赔偿责任的承担应当以明确发现对方有符合赔偿条件作为依据，因此，对于在什么时候可以提出损害赔偿要求，应当是在发生有与他人重婚或者同居事实后一年内提出。这样，也将有利于保护无过错方。

离婚时子女抚养难点问题

离婚时子女抚养权的归属由什么决定？双方经济状况不同会有多大影响？孩子的抚养权归属问题。双方经济条件只是考虑的因素之一，没有决定性的影响。

孩子由谁抚养，最根本的原则就是有利于孩子的健康成长。而孩子在两周岁以内，对母亲的依赖是无法取代的，远远超过经济因素的影响。因此，孩子的年龄越小，归母亲抚养的可能性越大，母亲放弃的除外。

离婚时，子女由谁抚养，法庭是否需要征求子女本人意见？子女年满十周岁的，法庭需要征求子女本人意见。

分居期间，非直接抚养孩子一方是否需要支付抚养费？分居期间，非直接抚养子女一方仍需要承担抚养义务，支付一定数额的抚养费。如双方对数额协商一致，可按月支付，如双方对数额不能协商一致，则可以离婚时一并要求支付。

离婚后，能否对子女抚养权提出变更？可以。如果有证据证明子女生活环境或是双方生活环境发生较大变化，子女目前的生活环境不利于健康成长的，可以向法院提起诉讼，要求变更子女抚养关系。

如果对方不及时支付抚养费，能否拒绝探视子女？不可以。当遇到对方不及时支付抚养费的情况，如果是协议离婚，可向法院提起诉讼；如果是判决或法院调解离婚，可持判决书或调解书去法院申请强制执行，但不能以此为由，拒绝对方探视子女。

怎样与孩子谈离婚

与丈夫离婚后，要和蔼、自然地告诉孩子父母离婚的事，这样不会给孩子造成太大心理伤害。告知孩子离婚事实的同时，要给孩子适当保证，对他（她）说自己非常爱他（她），会照顾好他（她）。讲故事或做游戏，是让孩子接受父母分离比较常用的方法。

要用坦诚、平和的态度。重要的不是说什么，而是用什么情绪说。有人会表现出很可怜、伤心，或被抛弃的样子，这样不可取。

不要彼此抱怨，要让孩子感觉离婚后的父母更开心幸福。

不要让孩子卷入离婚事件，比如说离婚是因为他（她）不听话，或父亲觉得母亲没教好他（她）等，这会让孩子无法信任亲人。

孩子不是生活的全部，只是你爱与职责的一部分。要善待自己，不要放弃追求幸福的机会，越是这样，孩子的心理发展就越好，因为母亲对生活的态度，就是孩子对生活的态度。

夫妻别把“离婚”挂嘴边

心理专家称，尽量不要随意用“离婚”这个词去伤害对方，破坏夫妻关系。当你把离婚挂在嘴边时，它的潜台词就是“你不适合我，你很差劲”，这不仅会挫伤对方的自尊心，也会给对方造成无形的压力。如果你经常提“离婚”，那么真正离婚也是迟早的事。

令人奇怪的是，为什么父辈们对婚姻很慎重，而现在的年轻夫妇动不动就要提离婚呢？心理咨询专家说，父辈的婚姻受许多外因制约，比如，有社会伦理道德、他人的看法等，在夫妻关系中对伴侣会比较包容。而现代人在婚姻中更注重追求精神上的愉悦,更看重更在意自己的感受,所以,当两个人在一起发生矛盾时，他们最先想到的解决方法就是逃离，也就是赶快结束这段关系。

所以，在婚姻中，尽量不要随口用“离婚”来伤害对方，破坏夫妻关系。应学会如何建立亲密关系，尤其是要为自己的言行负责。

再婚前需要了解啥

独身的原因　只有弄清对方独身的原因，才能依据双方的情况，确定是否继续交往。

经历　应比较全面、细致地了解对方以前在哪里居住，从事过什么工作，为人处世、思想道德品质怎样，有无不良嗜好等。只有了解细致、透彻，才能在此基础上作出进一步选择。

经济收入和住房情况　了解对方的经济收入和住房情况，对老年人，特别是老年妇女非常重要。了解住房时，还要看房产是否是对方本人的，有没有争议等。这是保障双方再婚后生活和睦的重要条件。

健康状况　如果对方身体较差，另一方就要考虑自己是否能照顾对方；如果双方身体都较差，就要看再婚后相互能否取长补短，或雇人料理，以免再婚后加大困扰和烦恼。

脾气、性格　老年人的脾气、性格一般都已定型，很难改变。双方只有详细了解对方的脾气、性格，才能掂量出与自己是否合适，进而作出选择。

子女情况　主要了解对方子女对老人的经济依赖性和对老人再婚的态度等。子女对老人经济依赖性小，又支持老人再婚的，有利于再婚后老年人的家庭和睦。

生活习惯　老年人在长期的生活中养成了固有的生活习惯。

双方只有互相了解透彻，仔细思量，才能防止再婚后产生矛盾。

再婚家庭幸福指南

争取孩子的谅解

千万别以为再婚是两个成人的事，忽略孩子，导致孩子对新家无所适从。也别不切实际地期待新伴侣与孩子一拍即合，事实上，孩子往往需要一段时间与继父母建立关系。不少家庭辅导员发现，孩子一般需要 5 到 7 年的时间完全接受新家庭。你要给孩子时间，同时给以宽容与安慰。

“夫妻关系”第一位

再婚关系很复杂，涉及双方子女，双方原有的家庭关系、社会关系。遇到各种复杂的问题，始终记住一点：夫妻关系摆在第一位。两人一体，能相互尊重、信任和关心，才能促使与继子女和谐相处，同时包容和理解继子女。

建立新的家庭记忆

想不被过去的记忆萦绕，再婚的家庭应尽快建立自己家庭的记忆，多在新组建的家庭中寻求共同情趣、爱好，增加共同活动的空间。

对再婚目标做好定位

再婚前，你得确认自己确实对对方产生爱情，了解并信任对方，愿意彼此承担后半生的情感和责任。若只是被经济、地位、名利、外貌所吸引，或者是因为来自自身内、外的压力、单身的孤独、单亲的焦虑等再婚，当面对再婚后出现的各种复杂状况，与当初的想法大相径庭，就会造成期望破灭，心理和行为上必然会言行不一，从而引发矛盾。所以，真正的问题是内心先对再婚目标做好定位。

再婚如何选择另一半

再婚的目的，并非是给孩子补全另一半的父爱或者母爱，而是给自己补全另一半，找到一个真正所爱的人。一个家庭需要男人和女人强大的爱作为纽带，而一个真正爱你的人才可能真正为你去善待你的孩子。

而有的人因为对前夫（妻）心怀怨恨，便在重选“新人”时，只要求其外貌或其他某些方面超过“旧人”，以达到报复的目的。这是再婚的大忌，万万不可取。

在你选择另一半时可以看看他（她）是否有这样一些品质特征：

1. 能够真心诚意地接受你们之间的“不同之处”，而非仅仅欣赏彼此的相似之处。

2. 在你决定重新进入婚姻的过程中，会耐心地等待你。

3. 你会知道他（她）想从人生中获得什么，并为此而努力奋斗，也愿意让你用你自己的方式耕耘人生。

4. 不想改变你，愿意接纳你本来的样子。

5. 会和你一起解决自己的、对方的、两人共有的问题。

再婚家庭　如何避免经济纠纷

可做婚前财产公证。为了保持经济上的合理平等以及防止婚姻破裂而引发经济纠纷，双方或一方婚前财产较多的再婚家庭，宜进行婚前财产公证。

多交流沟通。两个经历失败婚姻的人重新结合在一起，一定要倍加珍惜，特别是要注重加强家庭财务上的交流和沟通。一般来说，夫妻双方在家庭理财上可能会有一方注重稳健，一方注重收益，两人存在很好的互补性，可以相互学习和交流。

宜实行 AA 制。再婚夫妇的双方不但要负担各自父母的养老等正常开支，还要对不跟随自己的子女尽到责任和义务，如果“财务集中”的话，容易因“此多彼少”等问题引发矛盾，所以，各自财务独立的 AA 制较合适。

双方共同分担经济压力。俗话说“手心向上，矮人三分”，再婚后，即使丈夫再有钱，女性也要自立，分担丈夫的经济压力，从而共同创造小家庭的美好生活。

再婚要克服四种心理

现实生活中，再婚的配偶再次离婚的概率，比首婚者要高得多，这是因为再婚心理障碍在作祟。

怀旧心理　虽然选择了再婚的道路，重新组成了家庭，可是，由于没有及时调整再婚的心理状态，不时流露出对前夫（妻）的怀念之情，这自然会引起对方的不快，进而妨碍夫妻的感情交流。

自卑心理　由于传统习惯势力的影响，认为自己是再婚，没有权利挑挑拣拣，以致在再婚择偶时，只要对方不嫌弃自己就满足了。婚后发现对方有很多不尽如人意之处，才感到自己入了俗套，欲离不忍、欲合不能而陷入困惑之中。

比较心理　由于再婚前彼此缺乏真正的了解，婚后又不能接受、容忍对方的某些嗜好，并挑剔新配偶的不足之处。久而久之，对新配偶的失望和对原配偶的怀念之情同步滋长，并表现在自己的言行中。

期待心理　再婚者大多希望新配偶在各方面和原配偶一样，抑或超过原配偶而给予较高的期望。婚后发现对方非自己期待的那样而大感失望。

通过上述分析，再婚者在产生矛盾之后，不要马上离婚。可以做一段时间的心理调整，加强交流，相互适应，缩小双方的差距。对于再婚者来说，需要双方一起努力，提高生活的品质，充实生活的内容，丰富生活的质量。

婆媳融洽的艺术

1. 请求丈夫的帮助。请你的丈夫帮助你多了解些婆婆的习惯，多设身处地为婆婆着想。

2. 要现实理智。要知道就是和自己的父母建立一种完全融洽，没有任何缝隙的关系也是不容易的，所以不要奢望与婆婆建立那种非常理想的关系。

3. 寻求两个人的共同点。尽量发展一些和婆婆一致的兴趣，这样有助于你们相互沟通和理解。

4. 建立良好的“双边关系”。即便你与婆婆关系不甚融洽，也要鼓励丈夫和他的母亲保持良好的母子关系，这样才有利于你日后慢慢改善与婆婆的关系。

5. 明确是非。要坦诚地让婆婆知道你不喜欢的事情。否则的话她怎么知道什么能做什么不能做呢?

6. 体贴关怀婆婆。合理满足婆婆的一些需求。

7. 宽以待人。无论发生什么情况，她都是你丈夫的母亲，也许她并不是那么难以相处。

8. 遇事要冷静。即使和婆婆发生矛盾或冲突，也要尽量克制，切忌大发雷霆，要记住任何情况下都要保持对她的尊敬。

9. 建立统一战线。和丈夫统一态度，保持一致。

10. 万事想开。一家人相处难免发生矛盾，不要把发生的不愉快的事情看得过重，要学会忘记不愉快的事情。毕竟，大家还得一起生活。

公婆最宠十种儿媳

1. 先不说孝不孝顺，最起码懂得尊重。尊重公婆的日常起居，尊重公婆的自我选择，见到你尊重，公婆也会尊重你。

2. 会做家务，即使很少做。媳妇少做家务没什么大不了，因为公婆愿意。然而，什么家务都不做或者不会做，问题就大了。

3. 有自己的工作，不完全依靠丈夫。

4. 好好爱丈夫，珍惜爱情婚姻家庭的幸福。

5. 睦邻友好，不与人树敌。媳妇是家庭重要的交际主人，得好好处理与邻居的关系。要是媳妇与邻居为敌，不愉快的不仅仅是邻居，还有公婆。

6. 注意自身举止形象，别丢大家脸面。媳妇不能蓬头乱发衣衫不整，不能手脚粗鲁言语卑劣过于放肆。假如你表现过分，别人肯定会念叨着你公婆的名字，他们的媳妇真不像话。

7. 和孩子做朋友，不随便打骂。假如整天打骂孩子，弄得鸡犬不宁，公婆怎会宠爱你呢？所以，还是和孩子做朋友吧。

8. 别三天两头往娘家跑，不在娘家说公婆坏话。一个娘家，一个婆家。两个家同样重要，不能偏颇。

9. 在经济上，不和公婆斤斤计较。就算他们在经济上如何霸道，最终还不是留给你们？

10. 长得好看，又精明能干幽默有趣。媳妇长得好看，公婆当然喜欢，最好幽默有趣，这样的媳妇，保证没有哪个公婆不宠爱。

婆媳相处有学问

1. 婆媳不要同住，没条件的，也要创造条件分开住。

2. 尽量不要让双方父母带孩子，孩子必须自己亲自教育。

3. 别真把婆媳当一家人，可以嘴上说得甜一点，做事还是要把握原则。

4. 父母的意见，嘴上顺着说，不能顺着做。老人要哄着，夫妻之间要实打实地沟通。

5. 过年过节一定要给老人送礼。

6. 就算心里有意见不想和父母住在一起（例如过年过节），找个借口达到目的开溜就行了，别和爱人对着干。

7. 老人如同小孩，父母意见与夫妻意见不同时，谁的爸妈谁去负责沟通，不能因为任何理由逃避表达夫妻的意见。

8. 对方家里的事情，不发表意见。

9. 需给对方家庭拿钱资助时要慷慨大方，但得按照规矩，打欠条，算利息，别假装大方，嘴上说着“我无所谓”心里却特别不平衡。

10. 遇事夫妻俩先达成一致意见再与别人去沟通。

11. 中国父母习惯帮子女拿主意，老人如果想家庭和睦，孩子结婚了，就少管点事，多享点福。现在年轻人都喜欢独立，不喜欢你们干涉人家的生活。

12. 当儿女的也别那么贪，有本事自己赚钱去，占着父母的便宜还抱怨老人，你没资格。

如何与婆婆和平共处

1. 保持距离　婆媳之间最好有一定的距离。分开住可以避免很多细节上的矛盾与问题。

2. 无欲无求　对婆婆的期望越大失望越大。要把你的付出当成应尽的责任，而不是为了回报。

3. 不要比较　婆婆对自己的女儿、儿子比对媳妇好，那是天性，没有必要嫉妒。

4. 关心婆婆的日常生活　生活细节上的关怀更能温暖她的心。

5. 多说老公的好话　每个母亲都不爱听别人讲自己儿子的坏话。

6. 有度量　不要因为一些小事和婆婆计较。

7. 尊重婆婆　让婆婆感觉到她在家中的重要性，这样会让婆婆有种成就感。

8. 不要向老公告状 那只能增加老公的苦恼。

哄出好婆婆

第一要学会倾听。在婆婆面前做一个沉默的听众是最重要的。让婆婆觉得你尊重她，是个“文明有礼”的儿媳妇。

第二要学会把嘴巴变得甜甜的。平日里没什么事情多喊几声婆婆，教育孩子对婆婆要有礼貌。

第三要手脚勤快，不做懒媳妇。最起码的不能睡懒觉，个人卫生要做好；教育孩子也不能偷工减料。

第四要学会尊重她的个人习惯。因为习惯这东西很难改的，你不可能因为看不惯她的一些所作所为而制止她去做，否则面临的只能是更多的正面冲突。

搞好婆媳关系八原则

1. 孝敬婆婆是应该的，不要有抵触情绪。

2. 不要在婆婆面前和老公过分亲热。

虽然你觉得你们习惯了这种沟通方式，但是这就像在外人面前一样，过分亲热是对别人的一种不尊重。

3. 涉及婆家时，要照顾老公的情绪。

尤其是钱的问题，有些钱千万不能省，比如公公生病了，既然是无法逃掉的责任，还不如拿钱时干脆点，由你来交给婆婆，这样既讨得婆婆欢喜，老公又满意。

4. 不要在婆婆面前使唤老公。

如果你的公婆来家里住，你不停地使唤你老公做这做那，他们会以为儿子在家里太辛苦。离开公婆的视线后，你爱怎么使唤都行。

5. 即便是表面功夫，也得做足了。

给自己妈妈买东西的时候想着给婆婆也买一个。多细心观察她的日常生活，抽空满足一下她的愿望。一点点的关心都会让她记在心里的。

6. 留点时间听她唠叨吧。

住在同一屋檐下，敬而远之是不行的，那就干脆横下心吧，没事哄哄她，有时间的话就听她说两句。她爱唠叨，就让她唠叨吧，一边听一边随声附和两句。

7. 丑话说在前头没有什么错。

在你婆婆来你家之前，你最好先和老公达成共识。有些原则性的事情，如：你没有办法早起，你没有办法天天做家务，你和老公生活中没有男尊女卑的观念等，让他事先和婆婆讲一下。

8. 过去的事就让它过去吧。

婆媳总是会有摩擦，过去了就过去吧。摆冷脸绝不是好办法。与其抱着难受的心情生活，不如从自身做起改善关系。

跟孩子学夫妻相处之道

在婚姻学家看来，像孩子一样去对待和处理夫妻关系，会有意想不到的收获。

学会共享。要想在婚姻“画布”上绘出美好画卷，一定要学会共享，好心情、开心的事、生活中的点点滴滴，都要和另一半分享。

不要乱扔东西。婚姻生活中，如果一方乱扔乱放、从不收拾的话，很可能会导致另一方暴怒。而如果你随手把脏衣服放进洗衣篓，物品不乱堆放，你会发现夫妻关系会变得容易相处起来。

会说“对不起”。向孩子学习，要勇于承认自己偶尔犯的错误，主动向配偶说“对不起”。

不要和陌生人说话。婚后成年人尽量不要同热辣的异性说话，尤其在酒吧里，头脑发热的“一夜情”会对婚姻造成致命打击。

宽恕他人，过后就忘。妻子不要纠结于丈夫犯的“小错误”，如他知道自己要加班很晚但忘记发短信“请假”。

开诚布公。夫妻有时候话不能全说透，但总体上要对配偶开诚布公地讲出自己的感受和需求。

中国夫妻的爱最缺什么

1. 缺亲昵。中国夫妻大多羞涩，觉得“亲昵”是黏糊的表现。但研究显示，拥抱、亲吻等表达亲昵的动作，是婚姻的必需品。

2. 缺情话。有研究表明，夫妻间每天至少需要说句情话，如“我爱你”、“我想你”等。美国休斯敦州立大学的一项研究还发现，对着爱人的左耳说甜言蜜语，更能打动对方。

3. 缺幽默。幽默能化解、缓冲矛盾，消除隔阂。

4. 缺欣赏。中国人善于欣赏和表扬孩子，却习惯用挑剔的眼光看配偶。

5. 缺沟通。婚姻幸福的首要任务，就是学习沟通和解决冲突。要加强沟通的效果，一方面要用赞美代替批评，另一方面要少用程度性的修饰词，如“经常、总是、太”等等。

6. 缺童心。多保留一点天真、单纯，多拥有一点爱好、好奇心，对提升婚姻幸福感很重要。拥有童心的人，生活更轻松、心境更快乐，也更善于发现生活中的趣事。

7. 缺浪漫。浪漫未必是鲜花美酒，主要内涵就是为伴侣做他（她）喜欢的事。比如，妻子喜欢看电影，丈夫能耐着性子陪她看完，就是浪漫；丈夫夜班回家，妻子开着卧室的灯等待，并端上一碗热乎乎的粥，也是浪漫。

解开婚姻四个死结

美国婚姻顾问米奇·麦克韦德撰文分析了婚姻中最常见的四个“死结”：

习惯性埋怨。如果双方都推卸责任、互不让步，长期、习惯性抱怨、指责、争吵，无论胜负如何，双方都会成为婚姻关系中的输家。夫妻之间，学会妥协比坚持强势更重要。

高估自己。一部分人高估了自己对家庭的贡献，他们指责另一半为累赘，实际上外出挣钱和居家照顾孩子纯属分工不同，应该充分理解对方的牺牲。要尊重对方的角色，多肯定对方的重要性。

过度专制。如果一方总是以家长自居，指责对方不成熟、没有责任感、不可靠，会十分伤害感情。无论大事小事，请与爱人商量一下再决定。

恶习缠身。婚姻中，一方一旦对酒精、毒品、网游等上瘾，就会让配偶感到愤怒和失望。初期，伴侣可能会短暂地容忍，但是如果对方毫无改进，配偶就会有放弃家庭的想法。

婚姻需要小计谋

婚姻需要经营。既然经营，就要讲究战略战术，同用兵一样，婚姻也要有计谋。

第一计避让。两个人吵起来，都在气头上，如果谁也不离开，一定会越吵越凶，越吵越气，直到大打出手，摔盆子砸碗。走了一个，另一个没了对头，想吵找不着人了，只好自行停止。

第二计迂回。女主人喜欢看肥皂剧，男主人不喜欢，怎么办？此时的男主人，只需坐在电视前，装出一副对剧中的某个女角色无限痴迷的样子，不出三次，女主人保准再也不看这个了。

第三计装傻。夫妻二人，也需要装傻。他偷偷给了他爸妈500元，装作不知道，来个顺水推舟，以后在他想给还没来得及给时，你先掏出来1000元，拿给公婆。你好人做了，家庭也和睦了。他见你这样，有事就不再避你，还会和你商量。

第四计夸奖。他第一次做饭煳了，你装模作样津津有味地吃几口，说："好吃，如果不煳，就更好吃了。想不到你还会这一手，我跟着你有福享了。"然后说要减肥，放下筷子看着他吃，很欣赏很馋的样子，那么下次他一定还会做。

六大意外因素毁灭婚姻

美国“妇女日”网站综合多项最新研究成果，提出了对婚姻关系造成毁灭性影响的六大意想不到的因素。

1. 总是一方做决定。人们通常认为婚姻生活中没有发言权的一方不会幸福，然而研究人员发现，强势的一方更容易对婚姻产生绝望感。

2. 不切实际的期望。研究发现，婚姻中期望过高的人，比那些期望值更现实一些的人，在婚后第一年更容易感到失望。

3. 一直以完美状态示人。一项最新研究发现，在伴侣眼中被“非常完美、被理想化地看待”的一方，反而会不高兴，认为配偶没有真正地认清自己。而且，他（她）的所作所为要尽量符合伴侣的理想化标准，这无形中又增添了额外的压力，导致其缺乏安全感。

4. 缺乏好奇心。好奇心能为婚姻带来奇迹。研究人员相信，有好奇心的人更乐于把困难境地看成挑战而非威胁。而且他们更善于交流、更灵活，对新的解决办法持开放态度。

5. 过分在意夫妻关系是否亲近。我们都有这样的感觉，徒步旅行时老是问“我们快到了吗”，结果令目的地感觉越来越远。同理，如果在婚姻关系中老是自问“我们够亲近吗”，会导致亲密无间的夫妻关系变得不可能。

6. 期待丈夫像个绅士。女人普遍对男人抱有不切实际的想法，认为男人应该像风度翩翩的骑士，崇敬、保护和珍惜女性。

婚姻不是拎在手上的包包

斯坦福大学的心理学教授说，对一个男人的身体健康而言，最好的事情是结婚，而对于女人，却是应该建立和培养与女友的关系。

研究表明，“闺蜜时间”能帮助女性创造更多的血清素，有效防治抑郁症。我给我妈转发了这条信息，本想发个嗲，告诉她“你是我的闺蜜”，结果我妈回信息说：“说得很好，可是闺蜜和老公的作用是不同的哦！”我偷笑。

开明的酷妈，嘴上一直说，只要女儿高兴，怎么都好，可终于还是暗自担心我老不嫁人。我当然不是单身主义，随时准备开足马力谈恋爱，也认真准备找个长久的好伴儿。老有人问，怎么还不嫁啊，差不多就行了。我虽知是好意，还是忍不住白他一眼。好不容易活一遭，怎么能凑合呢。

不喜欢一个词，叫剩女，不仅歧视大龄单身女，更严重误导了妙龄小姑娘。20 岁前，长辈告诉闺女，与男人交往要慎重，不能被人“占了便宜”；25 岁以后，又赶紧催着闺女出嫁，免得越老越“便宜”。这如花的青春和爱情啊，怎是短短几年够绽放的。最要不得的心态，就是女人 20 岁时，把贞操当成资产；

30岁时，把未婚当成负债。除了自己，没人能对我们的幸福负责，婚姻不是拎在手上的包包，用来证明给别人看；老公不是百忧解，可以安慰我们内心深处的孤独。

只有一个人的日子过舒服了，才知道两个人过日子怎么可以更好。男人的可爱来自于坦荡，这是天性。女人的可爱来自于宽容，这是阅历。所以，什么年龄阶段的男人女人都值得好好地爱和被爱。这和婚姻这样的社会规则无关，只和生命个体有关。

婚姻如茶宠

应邀到林先生家品茶，近距离地见识了功夫茶的雅致。几道烦琐的茶艺程序过后，一杯清香四溢的铁观音终于倒进了面前小而浅的茶盅里。

轻抿一口，未及放下茶盅，我的目光又落回那宽大的紫檀木茶盘上有个神态逼真的小男孩茶宠（茶水滋养的宠物，多为陶质工艺品），正憨态可掬地盘腿“坐”在茶盘上，笑眯眯地将左手食指放在嘴边吮着。林先生向我介绍：“这是紫砂茶宠，养了一年，已养出了些茶色……”说着，他顺手端起茶盅，将茶汤轻轻地浇淋在茶宠身上，然后又拿起盘边的毛笔，蘸上茶汤，细细地涂抹着茶宠的表面。那份温情和细致，宛如在与一个有生命的灵魂进行着心灵的交流。有这样细腻温存的心，难怪他们夫妻结婚已15年，仍像处于恋爱中一般幸福甜蜜。

突然觉得，婚姻也如茶宠，两者的养护之道，竟是如此相似。但凡婚姻出了些毛病的人，不外乎那么几种原因。

最常见的原因，莫过于感情的降温。曾经相爱的人，变得不再相爱。他们看配偶，就像对一个已看不顺眼的茶宠，喝茶时，只顾自斟自饮，把茶宠冷落在一边，任其孤寂地立在茶盘中，尘埃落满周身。或许哪天，重想起对方的好，欲重续旧情，却发现如同重拾起丢弃已久的茶宠，物虽在手，那光泽，那情感，却已远逊于当初。

另一种原因，是夫妻俩情感日渐粗糙，慢慢失去了细致打理生活的耐心。男人记不住女人的生日，也懒得在女人不舒服的时候，像婚前那样耐心地陪她看病，给她熬鸡汤；女人早忘了当年为君洗手做羹汤的优雅，再不肯花一下午时间给他做几个拿手的甜点……这样的情况，像极了没有耐心的茶人，为了省时省事，随便把茶汤往茶宠身上一浇了事，或者干脆直接将茶宠泡在当天没喝完的剩茶中着色。日子是一样地过，但生活的品位和质量，已被粗糙的心打了折扣。

还有一种原因，是朝三暮四，感情不专。他们前一段还唱着“非你不嫁、非你不娶”的情歌，没多久，看到别人比自己过得好，又后悔了当初的选择。于是，重挑伴侣，重建围城；几番折腾，才发现，原来，最适合自己的，不一定就是最好的……这样的情况，如不专一的茶人，原本是用乌龙浇淋茶宠，看到别人用普洱茶养出的茶宠着色更诱人，于是，丢下乌龙，重置普洱，结果弄得茶宠着色层次不均，颜色也不再纯正。待重新感到浇乌龙茶的妙处，怎奈今已非昨，徒添感伤。

茶人皆知，茶的滋养，不仅会日益美化茶宠的色泽，更因茶宠会在时光中静静吸收着茶叶本身的清香，久而久之，那种浑身散发着的茶香，让茶宠带着一种含蓄的魅力而身价倍增。婚姻也如此，爱得越久、伴得越长，忠诚度越高，婚姻才越有价值。

相爱的两人在柴米油盐的琐碎中爱着、守着、磨合着，细细地体会着、享受着风雨人生中的种种甘苦，让岁月的芳醇和四季的花香，连同日日彼此关爱的目光一起，一层层地镀在身上，这样的生活，想想都是令人陶醉的。拥有这样婚姻的人，想来生活必定是最幸福、最甜美的。

爱情的标尺是快乐

好的爱情，一定是以快乐为前提的。可惜，年少的时候，我们不懂这个道理，以为只有经历过轰轰烈烈的磨难，才算是真正的爱情。没有真正痛过，何来爱情之刻骨？等到不再年少，却发现能结果的爱情往往是最简单的，简单到只剩下单纯的小快乐。因为一个人，你变得很快乐，这，才叫爱情。

大学寝室四个人里，小美绝对算不上能一眼让人记住的姑娘。可毕业晚会上，我们不得不承认，这四年里小美才是收获最多的那一个。我们其他三个人信守的爱情格言是只有不顾一切地爱过，才算是对生命的不辜负。即便我们知道自己爱上的那个人有多不靠谱，还是义无反顾地在爱情里纠缠，最终被伤得体无完肤，那种深入骨髓的疼痛仿佛才是青春强有力的见证。

小美的爱情，自始至终都是平淡而简单的。我们曾一度怀疑，这两人的情商是不是有些偏低，不然哪来那么多的快乐？可他们还真是没理由就快乐起来：每天乐呵呵地一起吃饭，一起上自习。小美回到宿舍,脸上的笑容都还没来得及收回去。为何这般高兴？小美说："刚才他帮我买到了我最爱的那本杂志，他还说过年要带我回家见父母……""就这些？""是啊，就这些，难道不值得高兴吗？"这样的快乐，多浅薄。可后来我们终于肯承认，那个能让你拥有无数小快乐的人，才是最爱你的。

毕业之后，我们三个恢复单身，小美却跟着男友去了南方。两人住在出租屋里，偶尔出去吃顿好的，会开心好几天。周末，手拉手去逛商场，看到喜欢的，一定要回家上网查查同款是不是便宜一些再下手。还有，每天必聊一下今天有什么开心事……再后来，他们快乐地裸婚了。

好的爱情，一定是快乐的。心情愉悦了，再多的风雨，也吹不散爱情。如果你的爱情世界里总是眼泪、纠结、争吵，这段感情必难长久。所以，当你面对一段感情犹豫不决的时候，不妨问一问自己，这份爱情，会令我快乐吗？

对丈夫的人道主义

严歌苓在中山大学演讲，提问环节有学生问道：“网上说您每天在丈夫回家的时候会换好衣服去迎接他，真的是这样吗？”一堂哄笑。

严歌苓很坦然，她说：“你还说得客气了，网上传得更神。实际是我每天要坐在书房里工作六个小时，有一天，先生出去上班，我就穿着睡袍坐在书房里写啊写。等他回来，发现我还是这个样子，就开玩笑说：‘难道我今天没有上班？’他是开一个玩笑，但我意识到这是个问题。像我这样的职业总是坐在家里多，如果再不换换衣服就一直是睡衣写作的样子。我后来就会注意换换衣服：一是女性把自己打扮得漂亮一点，自己心情也会好一些；另外，将家收拾整洁，把自己打扮得体，让丈夫赏心悦目，我觉得也是对丈夫的人道主义。这个世界什么都是自己赚来的，不是说人家该给你的，包括丈夫对你的爱。”

这段回答极大地震动了我。严歌苓有一个外交官丈夫，当然更重要的是她是个有反思习惯和反思能力的人。现代社会男尊女卑的状况改变了，女性开始有了一间“自己的屋子”，有了稳定的工作和相应的话语权。讲话声音大起来之后反而容易混淆公共空间和私密空间的界限，而像严歌苓这种经营婚姻经营爱情的观念还没跟上。

我们的现状是各人白天上班应付人事已经很累，晚上再也装不出笑脸来对待丈夫和孩子。而且我们的意识里就将丈夫当自家人，觉得所有的苦、屈辱他都应该分担，于是一回家就开始倾诉、唠叨、抱怨，完全忽略丈夫也有工作积累的烦恼和苦闷。周末则痛睡不起，起来后也是蓬头垢面。我们只在出门上班和出去应酬的时候有打扮意识，将自己容颜的姣好、语言的柔情都献给了他人。而身边这个陪你一生、给予你最大支持的人却被当成垃圾桶，丈夫的耳朵回响的是妻子的河东狮吼，眼睛里保存的是妻子的怨恨，长此以往，责任也难以为继，怎么会有爱呢？收拾好自己，不仅是对丈夫的人道主义，也是对自己的人道主义。

爱情长久四秘诀

1. 永远忠贞。对另一半一定要忠贞。一旦结婚，你就把生命都交付给了那个人，无论遇到什么样的困难，都不要这山望着那山高，因为最好的就在你身边。

2. 给予对方无微不至的照顾。如果你想和另一半白头到老，就请对他（她）施以无微不至的关怀吧。无论是做一顿饭还是过马路时牵着对方的手，或是遇到困难的时候成为一个顶梁柱。

3. 学会包容。每个人都有坏习惯，人无完人。我们时不时会厌恶对方，但如果你想要婚姻持续 60 年，那就学着去爱对方的那些坏习惯吧。

4. 学会倾听。婚姻中最重要的就是倾听。随着工作越来越忙碌，人们更愿意花时间看电视而不是倾听对方。听听你爱人每天遇到的麻烦和担忧，帮助他（她）去解决，使他（她）更开心。这也会让你与他（她）的距离更近，因为当生活有麻烦时，你才是他（她）的港湾。

三大纪律八项注意　助马拉松爱情成功

如何在一场爱情马拉松中最终修成正果，下面这“三大纪律、八项注意”应该谨记：

三大纪律。1. 不可因为没有婚姻的约束，就脚踏多条船；2. 不可没有爱情规则，必须设定双方都要遵守的底线；3. 不可只透支对方的爱，要学会更多地爱对方。

八项注意。1. 多沟通，一直保持良好的沟通可以增进相互理解；2. 要注意保鲜感情；3. 定期外出旅行，增进双方感情；4. 最好有一项共同的事业；5. 要给对方安全感；6. 双方都认可晚婚；7. 对方有游移时，要信任他（她）的选择，相信自己在其心里是唯一的；8. 要有共患难或者刻骨铭心的经历。

育儿

影响孩子学习的几大坏习惯

一、学习无计划　凡事预则立、不预则废，成绩好的学生一般计划性都很强，学年有学年的总目标，学期有学期的规划，每周有每周的计划，每日有每日的任务。

二、学习不定时　学习时间不固定，每天必要的学习时间无法保证，学习时完全凭情绪，情绪好的时候可以学到深夜，情绪不好的时候，就什么都干不了。知识是日积月累起来的，人不可能在极短时间内把大量的学习内容输入到大脑里去，饥一顿饱一顿，三天打鱼两天晒网，只能是事倍功半。

三、学习不定量　要想较好地掌握知识，必须靠每日的知识积累，没有量的积累，便不会有质的飞跃。靠集中复习、临考突击学到的知识，不但数量少，而且质量差，经不起严格的检验。

四、学习马马虎虎　上课时忘带课本和学习用具，抄写中明明是“b”可他抄下来就变成了“d”，作业经常能以最快的速度完成但字迹潦草错误率高。马虎在孩子中间似乎已经成为一种通病，如果家长不加注意、不予重视，孩子的学习成绩必将会受到严重的影响。

五、学习时一心二用　上课时经常精神溜号，甚至做一些与学习毫不相干的事；自习课时常沉迷于空想，或者东翻西看，浪费时间。专心致志是学生必须养成的起码的学习习惯，一般人不可能同时高质量地做好两项或两项以上的事情，所谓“目不能两视而明，耳不能两听而聪”。

选幼儿园考虑六大细节

细节 1：路途远近是基本考虑点　不要为了好学校而舍近求远，这样做将带来接送宝宝的难题，也会使得宝宝在今后的生活中不得不早起，这对他的健康有负面影响。

细节 2：不要盲目追求幼儿园等级　有些幼儿园因受场地限制无法达到示范园标准，但办学严谨、教师工作踏实、服务意识强，这样的幼儿园也是值得选择的。

细节 3：根据经济条件量力而行　幼儿园每月的管理费收费标准存在较大差异，收费标准的高低与教育质量的优劣并不一定成正比，所以家长不必为此背上沉重的包袱。

细节 4：选“特色”幼儿园须慎重　宝宝正处于生理和心理发展诸多方面的关键期，需要通过广泛接触周围环境，促进语言、认知、社会交往、运动、情感等各方面发展。如果在此阶段花大量时间用于练习某一技能，其他方面的发展会受到影响。

细节 5：尽量不要选全托幼儿园　学龄前儿童处于情感发展的关键期，非常渴求家人的关爱，如果此时送进幼儿园全托，宝宝缺乏与亲人接触，长此以往，会失去安全感、信任感。

细节 6：尽量不要进比宝宝实际年龄高一级的班级　正常的

宝宝智力年龄随生理年龄同步增长，一个聪明的 3 岁宝宝进入 4 岁年龄段的班级，他的能力显得平平，还有可能事事不如别人，这对宝宝自信心的培养十分不利。

您的宝宝可以入园了吗

他有基本自理能力吗　幼儿园通常需要孩子具备一些基本的自理能力，譬如吃饭前或游戏后自己洗手，在没有太多辅助的情况下，能独立吃饭，中午独自睡觉，可以自己上厕所，或者在有“便意”之前，能够跟老师表示。如果宝宝还不具有一定的自理能力，妈妈可以利用距离入园的这段时间，对他进行自理能力的训练。

他能够与父母分开吗　如果孩子自出生后就没有离开过父母，那么要对他进行一些适应性的小训练，譬如周末的时候把他送到姥姥家过夜，或者让他在某个亲戚家里过上一天。

他能独自玩一会儿吗　幼儿园的很多活动内容都需要孩子集中精力独立作业，如果宝宝在妈妈不在的时候他就不会玩，那么，妈妈就要想办法慢慢地培养他，譬如当妈妈在洗碗的时候给他一块彩泥，如果他能自己玩上 20 分钟，然后再慢慢地延长他自己玩的时间，从而使他习惯在妈妈不在的时候自己玩。

他能接受集体活动吗　对于 3 岁以下的孩子来说，乖乖地围坐在一起听老师讲故事、跟老师学唱歌，或者几个人一起合作搭积木应该不是一件很难的事。但是如果宝宝平时习惯了满屋乱走，而且至今还未和其他小朋友一起做过游戏，那就需要培养。可以在入园前带宝宝参加一些短期的亲子班，让他逐渐适应集体活动，以及学会和小伙伴们在一起分享玩具。

他作息时间有规律吗　幼儿园都有固定的作息时间，这种在固定时间里做相同事情的生活方式，会对孩子今后的学习等很有益处。所以，如果宝宝目前的生活还不太有规律，可能需要开始扭转。

让孩子养成阅读好习惯

1. 孩子喜欢听别人大声朗读给他们听，所以与孩子们一起舒服地躺坐在长椅上阅读好书是很棒的一件事。

2. 在房内规划一个专属阅读的角落，放几张椅子、一个又大又柔软的舒适枕头，再加上一个小型书架。

3. 让房内随处都可看到书：比如浴室、孩子床头边的小桌上、客厅甚至厨房。

4. 帮孩子办一张借书证，孩子喜欢有自己专属的借书证并且能独立决定要借哪一类的书。

5. 可直接拿起一本你觉得孩子也许会感到有兴趣的书，并与他分享书中一些有趣、吸引人的地方。而当他欲知道接下来的情节时，建议他自己去接着读。

6. 当孩子阅读某本书籍时，可与他另外做些与书籍相关的延伸活动。例如当孩子正在阅读天文相关书籍时，可带他去参观天文馆，让他实际体验透过天文望远镜观看天空的星系等。

7. 放与某本书内容相关的影片给孩子看，进而引导孩子进一步阅读。

8. 鼓励孩子制作专属自己的故事书，让孩子自行把所编写的故事简单装订，鼓励幼儿以自己的方式口述故事，再经由你帮其记录写下。

9. 如果希望孩子喜爱阅读，那你必须以身作则。无论你是读书、读杂志或只是画册，只要让他常看见你在阅读，并能够经常一同阅读，那是再好不过了。

孩子写作业需要家长陪吗

有的家长在孩子做作业时总是陪在旁边，一切准备工作由家长给做，有了困难家长马上予以解决，做作业时家长盯着，做完作业由家长检查、改错。这种做法是不可取的。久而久之，孩子会形成一种依赖心理，不陪就不读。孩子的学习自觉性和良好的学习习惯、学习能力都难以形成和发展。

怎样从“陪读”的角色中解放出来，让孩子获得独立学习的能力和习惯呢?

首先为孩子创设良好的家庭学习环境。

1. 给孩子准备独立的学习小空间：可以是房间的一个角落或

单独一个房间，有一张小书桌，一个小书柜即可，重在安静、整洁。2. 为孩子选择好台灯：一般用光线柔和的白炽灯；15~25 瓦，左侧取光，灯臂可调整，灯罩将灯泡全部遮蔽以免炫目，开关安全、方便。3. 学具的准备：书包、文具盒、直尺、三角尺、削好的铅笔几支、圆头小剪刀一把、橡皮一块 (没有图案的)。所有的文具只要实用就行，切忌玩具化、高档化。

当然，以上几点只是物质上的准备，仅有这些还不够。孩子做作业时家长忌在家中看电视、打麻将或频繁地问这问那，而应该让孩子独立地完成作业。家长也应有意在一旁看书、看报，给孩子以潜移默化的影响。

不要“陪读”并不是说不要去关心、帮助孩子，家长的帮助应首先体现在帮助孩子学会学习。例如，低年级的孩子学习粗心，往往不会检查作业。为了培养孩子学会检查，家长可根据孩子的学习内容出些题目自己做，让孩子当老师来改爸爸妈妈的错。这种做法不仅会引起孩子的兴趣，而且在批改卷子的过程中就自然培养起仔细检查作业的能力。

另外，孩子入学后家长应注意培养孩子良好的学习习惯。如，按时完成作业，不拖拉；专心做作业，不磨蹭；作业本保持整洁，不乱涂、乱撕等。孩子入学后，作为家长还应多与老师联系，及时沟通了解孩子的情况，给予有效的帮助。

“开发右脑”新方法

右脑的开发，对孩子成年后的创新能力能起到积极的作用，还可进一步促进左脑的发育。为此，日本儿童教育专家设计了各种行之有效的“开发右脑”的新方法——

配对游戏　孩子1岁半时就可玩配对游戏了：摊开几张字母卡，让孩子将2张相同的字母卡配对。如果孩子把外形相近的不同字母混淆，大人可在纠正的同时形象地指出它们的区别。

观察云朵　在晴朗的天气里，带孩子观察天上的云朵，启发孩子将不同形状的云朵看成动物、仙女、天使等。

以小猜大　遮住孩子熟悉的动、植物图片的大部分，让孩子猜测这是什么动物或植物。这有助于提高幼儿的推断能力。

综合刺激　幼儿园老师常常利用多媒体，在1小时内接连不断地给孩子看昆虫、鲜花图案等，其间穿插儿歌、外语、故事等语言刺激。

经历新鲜　送孩子上幼儿园时不妨有意改变路线，为孩子选择的图书不妨种类多些，努力创造条件让孩子有机会结交各种性格和爱好的小朋友。新鲜的经历对激活右脑功能好处多多。

重视才艺　培养孩子在棋类、乐器、绘画、插花、折纸等方面的才艺，也是一种积极的开发右脑的活动。

让孩子爱上学习

美国国家卫生研究员杰伊吉德通过研究发现，许多青少年无法预见行为的后果,如无法明白今天的好成绩对未来有什么帮助。于是，由于缺乏内在激励机制，大多数孩子的学习主动性就变弱了。为人父母者唯一能做的就是教导他们把学习和良好的情感体验连接起来，学会从内心寻找激励自我的动机。

让孩子自订目标及达到目标的方法　让孩子想想长期和短期目标，试着让他们自己订计划。当然，父母要对孩子的计划进行约束，添加上一些条款，如每天按时回家、先做功课、学习时不得分神等。“计划本身不是一定让孩子达到某个目标，而是看能否成功遵守计划，坚持到底。”如果坚持下来，孩子就会感受到学习的主动权掌握在自己手中。

培养兴趣，建立好习惯　让孩子从爱好出发，如让喜欢解数学题的孩子多做有挑战性的习题，能激发他们的忘我精神和征服欲。久而久之，他们便会主动去体味这种感觉了。

理解孩子的强项和弱项　如果孩子数学成绩不好，但英文成绩优秀，家长不要强求他们把两门功课都学好，而应该抱着“优势更优，弱势成绩平平就好”的想法。这样就会让孩子们更主动地去发挥优势，此外，他们也不会允许自己的弱项太差，同样会拼命学习。

教子阅读五策

一、父母以身作则。孩子喜欢模仿父母，父母应时常在子女面前阅读，让子女觉得阅读是日常生活的一部分，像吃饭、睡觉一样的自然和必要。

二、注意观察孩子读书的兴趣。如：当孩子走近书柜（无论商店或是家里）时，他是否径直走向某个特定的书架？他是否懂得到哪里去找科学书籍、小说或诗歌？如果孩子阅读时，看看孩子是否迅速进入了阅读，他实际阅读的时间有多长，是否经常谈论与书有关的内容等。如果孩子能自己直接找到一本书，不看其他的书，阅读时迅速进入情境，阅读时间较长，经常与伙伴谈论书的内容，或做有关的游戏，则说明他对这类书感兴趣。

三、把上图书馆和买书作为家庭活动的重要内容。教给孩子利用儿童图书馆的技能，如图书馆是怎么对图书进行分类的，怎么能找到他最想看的书等。最好能参观一下儿童常去的图书馆，替孩子申请图书证，帮助孩子适应图书馆；教给孩子买书的技能。在孩子小的时候，每次买书都带着孩子，商量好买什么书后，把钱交给他，让他自己从售书员手里亲自接过书，完成模仿父母买书的过程，这样做比父母从街上带回一本书更能让孩子满足。

四、引导孩子多读报刊。报刊大多反映了一些贴近我们生活的新内容，对孩子的学习和生活往往有不少参考价值，且对培养阅读习惯有好处，家长应为孩子订阅三五种报刊。

五、鼓励孩子记读书笔记。随便写什么都可以，写个简单的书名也好，要培养孩子从阅读中获取知识的习惯。

提升孩子数学能力三步走

看一看　数字之旅　当你带着孩子逛街、远足或外出旅行，让他看着道路的标示牌、店铺的招牌和广告牌，看见了数字就大声地读出来。这样一来，孩子在进入幼儿园之前就能够有数字的概念。另外还有，在排队时数数队列里的人数，回家路上数数梧桐树的数目，或者上楼也别忘记和孩子一起数数楼梯的台阶哦。

听一听　问候电话　在一些节假日里，可以列出一张朋友和亲戚的电话单子，依次给他们打个问候电话。你可以念号码，由孩子拨通电话。当然，你也可以和孩子换一下分工，由孩子大声地念出纸上的电话号码，你负责拨电话。或者在平时多注意让他记住家里的电话和爷爷奶奶家的电话号码，训练孩子记忆不规则的数字组合。

做一做　找出家具的形状　引导孩子在家里玩耍时，注意观察每个房间里的家具，它们都有着怎样的形状。可以乘机教导孩子学习几何学里的基础概念，如四方形、三角形、圆形和五角形等。同时，你还可以告诉孩子：2 个三角形能组成 1 个四方形；1 个圆形可以分成 2 个半圆形等。归类游戏　可以将家里的毛巾、浴巾、手帕和袜子等混合在一起，让孩子根据不同的颜色、大小分成几个组，如按色彩分类，蓝色组里有蓝毛巾、蓝袜子等。你还可以提问，蓝色组里包括了多少东西呢？引导孩子数一下，然后他能得出答案，如有 2 条蓝毛巾、1 条蓝手帕和 3 双蓝袜子，蓝色组里一共有 6 件东西。

放寒假后孩子该做什么

加强体育锻炼培养兴趣爱好　利用充足的时间每天安排一些有意义的体育活动，既能加强身体素质，还能陶冶情操，磨炼意志。例如安排滑冰、游泳、打球、摄影、书法或是编织中国结等活动，可以培养他的兴趣爱好。

让他关心生活的小细节　在寒假里应该让孩子补上生存技能这一课。可以让孩子学习骑车、做饭、洗衣服、打扫房间，让他们参加力所能及的家务劳动。专家建议说：“家长还可以在外出购物时把孩子带上，要不就‘授权’给孩子，让他用一定的钱有计划地选购日用商品，在增加生活情趣中有意识地培养他生存的技巧和独立生活的能力。”

主动说出自己的好主意　家长可以鼓励孩子：“我想，你的假期一定会是非常有意义的，这个假期你怎么打算的啊，写在小本子上没有？”孩子会非常得意，主动想起这个问题，家长需要做的是引导和鼓励，并配合他把计划实现。

有计划地安排学习　孩子在假期学习压力还是很大，假期要恰当地安排好学习时间，对所学知识进行温习，查缺补漏，但不要增加他的负担。因此，要有计划地安排学习，不能盲目地把孩子扔给辅导班不管，也不能强制性地要求孩子一定学到什么样的程度，要鼓励他安排好学习计划，让假期过得充实而有意义。

培养孩子学习的好习惯

1. 提前预习的习惯。帮助学习“暂时落后”的孩子迅速赶上去的最佳途径是预习。通过预习，不但可以缩短孩子在学习上的差距，使他在课堂上显得更自信，更有勇气，而且可以让孩子自己摸索出一条学习的路径，积累一些自学的方法。

2. 及时复习的习惯。据研究证明，人的记忆分三个阶段：瞬时记忆、短时记忆、长时记忆。上课时认真听课就是把知识从人的大脑中由瞬时记忆变成短时记忆，及时复习可以使知识从短时记忆转化为长时记忆。

3. 主动识字的习惯。多采用儿童诗识字、韵语识字、词串识字、阅读识字等途径，能为学生识字提供多样的语境，有利于激发孩子主动识字的愿望。

4. 经常阅读的习惯。当孩子有阅读的愿望时，家长要及时抓住这个时机，尽可能提供一些适合孩子阅读的材料，如儿歌、童谣、童话、故事及浅显的五言古诗。

5. 善于提问的习惯。辅导孩子学习时，多启发鼓励孩子提出问题。

6. 规范书写的习惯。在帮助孩子养成认真写字的问题上，家长要有书写意识，一方面强调写字姿势、握笔姿势；另一方面渗透一些必要的书写知识，如字的基本构成、间架结构、占格问题等。因为儿童容易受暗示的影响，所以书桌整理得越干净，越能静下心写好字，减少因分散注意力而造成的错字、别字、漏字等现象。

带宝宝走进音乐世界

音乐不仅可增进宝宝的乐感，开发宝宝的右脑，还能增强宝宝的想象力、创造力和记忆力。

0 ~ 4 个月：以聆听为主　宝宝出生后，家长应逐渐引导他聆听各种不同的声音及音乐，让他慢慢学会分辨和欣赏。如在宝宝床边悬挂能发出清脆悦耳声音的风铃，抱他出门去听自然界的刮风声、雨滴声和流水声，给宝宝听笛子、小提琴、钢琴等不同乐器的声音等。提醒：不要让宝宝受到太多嘈杂、高分贝声音的刺激，注意选择舒缓、悠扬的音乐，如经典钢琴曲、民族乐曲等。

5 个月 ~ 1 岁: 玩简单乐器　给宝宝几样简单好玩的“乐器”，如摇铃、拨浪鼓等。让宝宝在玩耍中潜移默化地学到节奏、音高、音色的变化。提醒：给宝宝准备的“乐器”首先要安全，发出的声音不能太刺耳。

1 ~ 2 岁：随着音乐模仿小动物 给宝宝播放有动物声音的音乐，让宝宝随着音乐模仿相应小动物的叫声或动作。提醒：切忌只用语言将音乐的内容描述给宝宝听，一定要让宝宝自己用动作表达对音乐的感受。

2 ~ 3 岁：教宝宝唱儿歌 妈妈先把简单的儿歌反复唱给宝宝听，并引导他一起唱。唱歌可以丰富宝宝的表达方式，增强他的音乐感受力，随机表演则可以开启宝宝的想象力和创造力。提醒：教给宝宝的儿童歌曲要非常简单，每个音都是一拍，变动较少。

孩子粗心怎么办

1. 家长不要动不动就以粗心为理由批评孩子，这样容易给孩子造成心理上的压力。考试过程中会把自己的注意力都集中在“我不要粗心”之类的心理要求上，这样反而更容易引起注意力分散，出现更多不必要的错误。

2. 家长尽量不要采取正面惩罚的方式，以避免对孩子粗心的强化，比如在孩子粗心时不去批评他，但是在孩子细心地完成一件事的时候，家长此时及时表扬孩子，强化他的细心，这样孩子就会慢慢接受这种心理暗示，越来越向着细心的方向发展了。

3. 在平时的学习中帮助孩子养成检查自己作业的好习惯。很多家长都愿意为孩子检查作业，以为这是对孩子负责，殊不知这样孩子就养成了不细心检查的习惯。

4. 在日常生活中，家长要用自己的细心去感染孩子，比如把家里布置得井井有条，建议孩子学会自己整理东西、收拾房间，培养孩子自己的事情自己负责的责任感。

好学的孩子可以这样培养出来

方法一：让孩子感受你的热情　无论令你着迷和激动的是一场比赛、一门艺术、一项科技还是一盘拿手菜，你都应该让孩子感受到你从中获得的乐趣。虽然孩子不能充分理解其中的奥秘，但是他至少能够感受到你的热情，并且向他传达了一种信息：大人也喜欢学习。

方法二：用书籍包围他　哈佛大学的研究表明，如果孩子随处都能接触到书籍，那么他的阅读兴趣就容易被激发。所以，让孩子的身边充斥着不同种类的印刷品，报纸、杂志、书籍、辞典……是让孩子爱上读书的一个好方法。

方法三：从孩子的爱好入手　美国芝加哥大学针对天才运动员和天才艺术家进行的一项调研显示，这些人的共同之处就在于，他们的父母都是从很早就开始认可和鼓励他们的特殊爱好，并且尽最大可能提供帮助。所以家长们的使命可能就是：孩子指出方向，我们扫清障碍。

方法四：提有水准的问题　不要因为有些问题你自己不知道答案而刻意回避。这正是向孩子示范如何学习的最佳机会。你带着孩子一起查字典、上网、逛科技馆，不仅仅是为了获得答案，更重要的是让孩子了解获得答案的方法。

方法五：适当的时候抽身而退　很多家长在无意中会影响孩子自己的学习脚步，他们为了提高孩子的效率，经常跳出来说：“不对，你这样就错了。来，看妈妈怎么做！”专家认为，家长应该鼓励孩子自己去发现。

孩子逃学怎么办

碰到孩子逃学的情况，家长切忌情绪冲动，不问青红皂白，就对孩子进行教训。这很有可能将孩子原本不多的求学热情扫荡得干干净净，也容易使孩子因怕被打骂而撒谎。此外，如果家长教训得太重了，就会给那些不良分子以可乘之机，使孩子更快地向那些人靠拢。正确的做法是来个“冷处理”，先平息自己心中的怒气，然后再积极地去了解孩子逃学的原因。弄清原因，才能“对症下药”，教育好孩子。面对孩子的逃学行为，家长可以从以下几方面入手，引导孩子转变：

提高孩子的学习兴趣。当孩子成绩不如意时，不应在孩子面前唠唠叨叨，说些“谁能像你这么愚蠢”之类的话，而应多安慰孩子，鼓励孩子继续努力。要帮助孩子明确自己的努力方向，孩子稍有进步，就应明确表示赞赏，借此提高孩子学习的自信心。

应常到学校去，了解孩子在校的表现，和老师取得配合。家长和学校双管齐下，才能有效地遏止孩子的逃学行为。

做一个有心人。多留心观察孩子常和什么人来往，常到哪里玩，发现不良苗头，及时制止。此外，每天应抽一定的时间给孩子，和孩子聊聊天，听听孩子的倾诉，看看他的作业。在孩子面前，别摆家长的架子，和孩子做朋友，这样才能更好地和孩子沟通。有条件的话还应和孩子一起运动或郊游。

怎样提高小孩的学习效率

提高读书效率。有的小孩在读书的时候，注意力不够集中，目光总是游离在课本之外。从实际效果来看，许多能读得准的字不一定能写得出来。建议：能否在读书的时候，手中拿着笔，桌上放一张纸，在读书时将自己记不牢的字词写在纸上。

提高做题效率。一些学生上课、看书都很认真，但做题做得不够，因此很难取得十分优秀的成绩。建议：除了要保证足够的做题量，还要有选择地重点做题。做题量足够，是为了确保每个知识点都得到巩固。重点做题，是为了确保掌握知识的重点和难点。

提高复习效率。很多学生不知道怎样复习，特别是面对期中考试和期末考试时，觉得千头万绪，不知从何着手。建议：首先，可以将平时的习题和考试测验题拿出来，将做错的题重新做一次。第二，将课文从头到尾浏览一遍，看自己学习中有没有缺漏的地方，重点注意知识要点、难点。第三，根据考试的重要性，制定好的阶段性复习计划。重要的考试必须在一个月或至少20天前就制定复习计划。第一阶段是全面复习。第二阶段是重点复习。贯穿第一、第二阶段的是做模拟考试题，提高实战能力。

如何激发孩子的学习兴趣

与孩子分享学习热情　当父母着迷于一场比赛、一门艺术、一项科技成果甚至是一盘拿手菜时，别忘记了让孩子一起分享你们的喜悦。如果父母刚读了一篇好文章而感到兴奋，也应该把自己的兴奋感受告诉给孩子，让孩子知道学习是一件快乐的事。

能随处接触书籍　不要将家里的书籍束之高阁，而是应放在孩子随手可及的地方。最好，固定一个看书或讲故事的时间，让阅读成为一种家庭生活习惯，并且让孩子从中感受到快乐。

从兴趣爱好着手　如果孩子迷恋恐龙，就经常带孩子去自然博物馆，或者到图书馆为他借一些史前动物画册，适当的时候还可以买一些模型玩具，随时在家里上演“侏罗纪大战”。孩子的兴趣特性需要妈妈从婴儿期开始培养和捕捉，最简单的方法是让孩子尽可能多地接触外界事物，并且给他足够的时间去探索和发现。

多提有质量的问题 为了启发孩子的学习兴趣，在向孩子提问题时，应注意问题要有质量，要涉及细节，这样才能让孩子从纷乱的世界中挑选出他感兴趣的人或事，并讲述出来，这也是帮助孩子学习的方法。

如果想让孩子保持高昂的学习热情，不要总是用一些常识性的问题去烦他；其次，也不要为孩子能回答出正确的答案而欣喜若狂，为了重温这种快感而一遍遍地不停地重复问这个问题，这样做只会让孩子厌烦。

坦然应对“开学焦虑”

农历新年过后，学校开学在即，孩子们还十分留恋假期的生活，想起上学，心里或多或少有些不乐意，有些孩子甚至出现了胃痛、头痛等由“开学焦虑”引发的躯体症状。面对这种情况，家长该怎么办呢?

首先，家长不要过于紧张。作为家长要切记“开学焦虑”对于大多数孩子来说是很正常的经历，一般来说很快就会过去的，在孩子面前要坦然，不要让自己的焦虑传递给孩子。要帮助孩子调节生活规律，预习新学期课程，应对焦虑情绪，逐步适应开学环境。对于一些本身存在情绪、行为问题的孩子，可以根据具体情况到相应的心理科咨询。

作为学生本人，自我调节也很重要，孩子们可以主动跟家长、老师讲讲心里话，跟同学、朋友聊聊彼此的心事和感受，自己定一些计划调整生活、学习状态。

在处理开学焦虑的过程中，要强调孩子年龄越小，父母主导作用越大；孩子年龄越大，父母主导作用越小的原则。当孩子通过自己的努力，在家长、老师协助下，安然度过开学初的焦虑期，这些经验会大大增强孩子的自信，为今后历练人生做好充足的准备，同时孩子们也会感谢父母亲让他们通过自己的努力尝试到成功的喜悦。

如何教育爱拔尖的孩子

即便是在幼儿园，也有一些孩子听不得别人比自己好，即便是人家真的超过了自己，也要大喊大叫地口头上占上风。该如何教育爱拔尖的孩子?

给孩子一个公正的评价　让孩子知道，每个人都有自己的长处和不足。妈妈要准确地评价自己的孩子，避免出于对自己宝贝的疼爱，对其能力、品德的评价随意拔高。过分的赞赏会给孩子造成错觉：误认为自己永远是最好的，而看不到自己和别人之间的差距。

规则面前人人平等　平时就要不失时机地给他们灌输“规则”的概念：做事要守规则，与人交往要守规则，游戏也要守规则，在规则范围内给孩子绝对的自由，但机会是均等的，一旦触及“红线”就要予以制止。

将心比心挑战自我　爸爸妈妈不妨教给他换位思考，将心比心，体会一下没能得第一的小伙伴的感受。告诉孩子，由于他采取了不合适的手段占了上风，致使同伴心里很不舒服；如果他以同样的方式对待更多的小朋友，会有更多的小朋友不愿意跟他玩。

父母需要丢掉虚荣心　面对孩子的拔尖，父母要心态平和，放弃虚荣，把“第一”和“最好”看得淡一些。与其关注孩子是否拔了头筹，不如时刻看到孩子的点滴进步，只要他尽力了，不管结果怎样都应该给他由衷的赞美和鼓励。

低龄留学须避五大误区

误区一　进名牌高中就能进名牌大学　很多家长将孩子送出国的目的是想通过进入国外的名牌高中，然后进名牌大学。专家介绍，即使在国外最好的中学读书，也不一定能进入名牌大学。比如在美国被称为“中学中的哈佛”的一所中学，每年只招收 300 名学生。即便这样，这所中学每年也只有约 50 位学生能进入美国排名最好的 3 所大学。

误区二　留学是成才的捷径　有的家长认为，留学能加入国外的能力教育体系，因为国外的教育体制相对轻松，对孩子的成才有利。但事实上，出国留学对于孩子的自控和自学能力要求很高，这往往会导致两极分化的趋势。使少数优秀的孩子更加优秀，少数孩子则沉迷玩乐。留学与成才不能画等号。

误区三 国外学校比国内好 低龄留学生一方面看重国外具有诱惑力的留学政策，另一方面是他们对国内教育存在一定担心，认为国内的好学校少，而且竞争太激烈，认为国外学校的教育体制肯定比国内的好。据专家介绍，近些年的留学生队伍中，只有少部分人去国外上了名牌大学，大部分人留学的学校属于二、三流学校，并不一定比国内的好。专家还建议，在选择国外的中学时一定要谨慎。因为国内对国外的一些公立、私立中学了解得较少。一些私立中学存在浑水摸鱼的现象。

误区四 留学归来后很有面子 跟风攀比已成为个别家长让孩子留学的因素，因为周围有很多亲朋都把孩子送到了国外。专家建议选择出国一定要慎重，不少学生对国外环境的不适应，严重影响了他们的学习及心理健康。如果归来后成为“留学垃圾”，那就很没面子了。

误区五 有钱就能出国读书 有一定经济实力是留学的保证，但不是有钱就能出国。首先各国的政策不同，比如美国只接受 9 ~ 11 年级(相当于中国的初三、高一、高二)的签证，而且严格规定只有 17 周岁以下的学生才能申请。而加拿大政府不鼓励低龄留学，留学期间没有陪读政策等。

寒假期间要训练孩子哪些行为

首先，要合理安排孩子的学习、活动和交往。不要让孩子整天写作业或上兴趣班，也不要整天看电视、玩电脑，孩子的大脑注意力集中时间一次最多 45 分钟左右，可以写作业 40 分钟，体育锻炼或家务劳动 15 分钟，看电视也是一次 40 分钟，然后户外活动 1 小时，像跳绳、拍球、打羽毛球、游泳、爬山等活动，都可以锻炼孩子的注意力、手眼协调性和毅力。

其次，在活动安排方面，要根据孩子的薄弱环节来进行强化训练。例如上学期考试成绩欠佳及老师反应纪律不太好的同学，要利用寒假找心理专家进行专门的学习能力训练；孩子懒惰不爱动手的，要多加强家务劳动训练，厌学的要安排劳动实践、贫困生活体验、心理辅导等活动，缺乏毅力和吃苦精神的孩子，要让他去艰苦的环境玩，例如爬山、探险或参观老区。

第三，加强品德教育。带孩子去感谢老师，去福利院义务劳动，让孩子有机会和别人相处、交换礼物、学会感谢、学会礼让、学会给予。

第四，要让孩子学会控制时间来约束自己的行为。让孩子自己制定行动计划，把学习和玩都安排好。热衷玩电子游戏的孩子，家长要用其他有意义的活动来转移他们的兴趣，例如体育运动、户外活动、承担家务等，孩子有别的事情做了，就没有时间和精力玩游戏了。16 岁以前不要上网，否则很难控制他们的行为。

如何让幼儿学会时间管理

1. 引导孩子认识时间

首先，让孩子对时间有个基本认识，了解过去的时间是不能回来的，并对昨天、今天、明天等不同的时间概念有个大致理解。

其次，可以逐步教孩子认识时钟，让他们对每天的时间有个大概的认识。同时，还可以告诉他们每天什么时候该吃饭，什么时候该睡觉，什么时候该起床和上学等。这样，他们就会对人们每天的作息规律有初步的了解。

最后，家长在跟孩子一起做游戏或玩的时候，可以一次约定一个时间段。这样可以让他们逐步认识到一分钟可以做些什么事情，十分钟可以做些什么事情。久而久之，孩子们就可以学会珍惜时间。

2. 培养孩子的自律意识

我们可以在日常生活中，经常和孩子约定做一件事的时间，比如玩电子游戏，可以约定从什么时间开始，玩到什么时间结束。

在约定时间的过程中，可以让孩子自己当裁判，亲自下令开始和结束。

3. 纠正孩子的拖延习惯

当孩子开始做一件事情的时候，我们不仅要让孩子认真做，还可以让孩子自己预计完成时间。让他们知道时间都是自己的，当事情认真完成后，剩下的就是自由支配时间，可以自行安排。孩子一旦成为时间的主人，做事效率就会很高，也不会养成喜欢拖延的不好习惯。

4. 培养孩子的时间管理能力

要让孩子知道，事情有轻重缓急，要先做重要的事情，还要学会如何合理安排自己的时间。对于有作业的孩子来说，作业比玩要重要，所以回到家先做作业，完成以后再玩。

对于大一点的孩子，我们可以教孩子制作时间清单，把自己每天的时间进行合理安排。还可以教会孩子制订计划，比如周末如何安排，每个月想要完成什么事情等。

每天为孩子朗读20分钟

父母每天抽出 20 分钟，为孩子大声朗读，让他们从小就体验从耳中听到的有分量感的语言世界，对他们的成长极为重要。相对于默读，朗读最适合没有独立阅读能力的学龄前儿童和识字不多的学龄初儿童。孩子在快乐的朗读时光中获得知识，开阔视野，发展注意力，拓展想象空间，更有亲子交流、共同分享的深层情感愉悦，能很好地激发他们对阅读的兴趣。

为了聆听起来更容易，在作品选择上要避免那些有太长描述性句子和太长对话的书，而应选择情节推动比较快、动作性强、句子短小精悍的作品。那些有重复性结构、节奏感强、富于韵律的作品，更能体现语言的美感，是不错的朗读材料。

父母选书时，要根据孩子的个性爱好、年龄段和阅读基础，为孩子朗读他此刻最需要的书。

为孩子朗读最好以一对一的方式，在一个相对安静的环境里进行。晚上当孩子躺进暖暖的被窝时，家长为他娓娓地读个故事，是送给孩子最好的睡前礼物。父母还可以利用孩子吃点心的时间读点东西，用餐时光会变得趣味盎然而有意义。

小游戏训练宝宝感觉能力

你看见了什么？在一个盘子里放些小物件，如钢笔、纽扣、橡皮等，再用一块布或一张纸盖着。叫孩子注视着盘子，然后将遮盖物移开再迅速盖上。问孩子看见了什么，游戏可以反复进行，直到孩子能说出盘子里的每样东西。

能对上号吗？准备十个不同尺寸的瓶子，每个都有一个相应的瓶盖。将十个瓶子放在一边，十个瓶盖放在另一边。让孩子说出哪个瓶盖是哪个瓶子上的，看看能说对几对。

是什么声音？准备一只大袋子，里边放些会发声的东西，如一只小铃、玩具汽车、会出声的娃娃、小乐器等。你站在离孩子几米远的地方，用手在袋子里摇动、撞击或撕裂某样东西，使其发出响声，问孩子听见了什么。待他说对后再换一样。如此进行下去。

哪个杯子的音调高？找一些相同的玻璃杯，并在每只杯子里放进容量不等的水。让孩子用调羹(或筷子)轻轻地敲打玻璃杯。然后问他哪个杯子的音调最高(水的多少决定着音调的高低)，还可进一步让孩子设法使两只杯子发出相同的声音。

摸摸哪个皮球大　蒙上孩子的眼睛，要求他把一组规格不同的皮球按大小依次排列起来。看看哪次排得最快最准。

吹灭蜡烛　在桌上放上一支点燃的蜡烛。蒙上孩子的眼睛，让他原地转三圈，要求他设法吹灭蜡烛。除非他感觉到了热量所在的方向，否则就吹不灭。

哪杯甜？　在六杯凉白开水中，放入不同量的糖，要求孩子品尝后，依据甜味的浓淡来排列它们。

尝尝是什么　蒙上孩子的眼睛，要求他用味觉识别几种味道相似的饮料。

你在吃什么？　让孩子吃一种水果，同时将另一种水果放在他的鼻前，问问他正在吃什么。孩子很可能将吃着的水果说成是闻着的水果，尤其是种类相似的。

闻到什么气味啦？在房间的一边放上几种散发不同气味的东

西，让孩子在房间的另一边面壁而坐。用一把扇子将气味扇向孩子，问问他闻到什么气味了。

宝宝入园要做哪些准备

环境准备　家长可以抽时间带孩子到幼儿园附近参观，让孩子了解周围的环境，认识老师及小朋友，看看幼儿园里大型户外运动玩具，同时多让孩子到家庭附近的社区或是公园玩耍。

心理准备　增加宝宝对幼儿园、老师与小朋友的熟悉感与认同感。父母提前给孩子打打“预防针”，将幼儿园有趣的事情描述给孩子听。全家模仿幼儿园的游戏、上课情景，使孩子从内心向往幼儿园集体生活。

能力准备　让孩子学会简单的生活技能与做力所能及的事，是适应幼儿园集体生活的重要基础。如自己握勺子吃饭，用杯子喝水，洗手擦嘴，上厕所，穿脱鞋袜及简单的衣服等，让孩子学会自己照顾自己。

时间准备　要帮助孩子了解作息制度，熟悉幼儿园的一日生活。家长可以在报名前后了解幼儿园的生活制度，然后告诉孩子每个时间段要干什么。在家中，家长可为孩子制定一个科学的作息时间表。

物质准备　提前预备开学用品，与孩子一同准备并告诉孩子这些用品的名称与作用。选择一些穿脱方便又不妨碍活动的衣服、软底鞋，准备一个宝宝喜欢的小背包，放置孩子的个人用品——如小手巾、水壶等。

此外，有的孩子入园时不肯离开父母，只要父母一离开，马上就哭！这是因为孩子突然离开自己熟悉的照护者（通常为父母），会产生一种分离焦虑。如果能训练孩子习惯于接触其他人或同龄小孩，这种分离焦虑就会明显改善。另外，让孩子带一件自己特别喜欢的物品上学，可帮助其建立起安全感，降低焦虑程度，帮助孩子更快地适应环境。

选择少儿图书　色调柔和为宜

给孩子买图书时，纸张的颜色还是以柔和的色调为好，尽量选择反光率低的，页面以天蓝或者淡绿为主。这些颜色阅读时不会使眼睛很快产生疲劳。切记不能给孩子选以下五种书。

纸张太薄　有的图书纸张太薄，纸透过去几乎可以看到下一页的内容，这样会影响孩子的视力。

纸张颜色过白　图书纸张颜色过白会增加颜色的对比度，过度刺激视觉神经，容易引起视觉疲劳。

色彩太艳　不是因为鲜艳的颜色对视觉造成的冲击力大，而是看习惯后会使孩子对自然色的分辨能力下降。给年龄小的孩子买书，还是黑白颜色的较好。

反光强　图书画面反光越厉害，眼睛受到的刺激越强，眼睫状肌处于过度收缩的状态，长时间会形成功能调节性近视。

画面太复杂字太小　图书画面太复杂、字太小，孩子看起来很吃力，会不自觉地睁大眼睛凑近图书，时间长了会影响孩子的视力。

有关家庭作业的十个建议

1. 与老师保持联系，了解家庭作业的数量，以及孩子所交作业的质量。

2. 设置一张时间表，包括开始和结束的时间。不要把时间安排在快要上床的时候，因为那时孩子可能已经困倦了。周末的作业最好安排在星期六，不要等到周日晚上再写。

3. 鼓励孩子把家庭作业分成“自己可以独立完成的”和“需要帮助的”。家长应该只帮助做好孩子不能独立做的那部分，例如听写等。这是在培养孩子的责任心和独立性。

4. 给孩子定个规矩，在完成作业之前不许看电视或玩耍。

5. 为孩子提供一个好的学习环境，比如光线明亮，环境安静，有利于孩子集中注意力，也有利孩子的眼睛健康。

6. 对孩子完成作业好的情况要及时表扬，注意表扬要具体、直接。

7. 当孩子正在做家庭作业时，家长最好离开这个房间，让孩子独处，要让他养成独立思考的习惯。

8. 当孩子的作业写完了，不要轻易给孩子改正错误，那样不会让他有深刻印象。让孩子自己检查，如果错了自己负责。

9. 可以帮助孩子组织一个学习小组，几个同学一起学习，有利于孩子进步。

10. 允许孩子在写作业过程中有片刻休息时间，如喝喝水、上厕所等。

孩子写作业慢原因解析

第一，在小学阶段，孩子写字确实比成年人慢，这跟书写的熟练程度有关系。尤其到了三年级，改用钢笔写字，每个字都要一笔一画地写，不可能像大人写字那么快。

第二，学习习惯的养成。有的孩子没有从小养成好的学习习惯，写作业的时候一边玩，一边写。

第三，孩子写作业慢，其实跟家长也有关系。有不少家长会在老师布置的作业之外，再给孩子另外布置功课。孩子写老师布置的作业时就知道，写完了这一堆，还有另一堆作业等着自己，所以就消极怠工，一直拖到快睡觉了，那堆作业就可以躲过去了。

第四，孩子负担太重，导致学习效率降低。现在很多家长给孩子报辅导班，而且通常都是好几个班，经常是这边下了课，那边就进了另一个课堂，等晚上回到家就七八点了，再吃吃饭，等坐下来写作业时，孩子已经很疲劳了，学习效率自然就会降低，写作业慢，也在情理之中。

留学需防五种“病”

症状一：自理能力差

药方：建议让孩子自己动脑、动手，亲自处理留学相关事情。

症状二：比富斗阔爱炫耀

药方：建议孩子出国后家里不要给太多的零花钱，让孩子把精力放在学习上，生活上过得去就行。

症状三：法律意识淡薄

药方：出国前，可以参加一些培训或是相关的讲座，事先了解国外的法律规范。

症状四：动手能力差

药方：独立思考的能力非常重要。出国读书要学会自己查资料，学会自己判断，学会亲自去实践，学会自己处理事情。

症状五：为了父母出国

药方：首先要明确自己是否适合出国，不能完全听任父母的安排，要做自己人生的主人。学习成绩不好，又没有做好出国准备的学生最好不要出国，否则就是一种折磨。

正确指导孩子读“名著”

从中间向两边读

面对厚厚的一本名著，如果让孩子一本正经地坐在书桌前，摆开一副“不读完，誓不罢休”的姿势，肯定会让孩子苦不堪言。家长可以尝试这样的方法：从孩子了解的或者关心的一部分名著当中的知识点出发。遇到相关情节闹不清是怎么回事的，就让孩子向前翻阅弄清原因。如果遇到不感兴趣的章节，不要强迫，不如索性翻过去。要知道，始终让兴趣牵着孩子的思维走，孩子才会对读书乐此不疲。

电视引导的方法

假期里，电视台都会经常播放一些根据名著导演的电视剧。家长可以抓住这个机会，跟孩子一起坐在电视前欣赏这些电视作品。看完电视后，家长不妨鼓励孩子尝试阅读名著。那些似是而非的情节，那些一晃而过的镜头……都可以在书中找到最好的诠释，这样一来，孩子对名著的印象也会加深。

写读书笔记、“仿写”故事

“好记性不如烂笔头”。孩子在阅读名著时，家长可以鼓励他们把书里的精华或自己的感受记录下来，这样既能让孩子牢固地掌握在阅读中获取的知识，又能锻炼思维，提高写作水平。另外，家长还可以鼓励孩子们“仿写”故事。当孩子了解了故事梗概后，不妨让他（她）把书本合上，根据某一段精彩情节，把内容“仿写”下来。然后，把书打开，看自己写的和原作有哪些地方不一样，哪些写得更精彩。

出国读高中应做哪些准备

文化准备　在出国前，充分了解国外的社会人文、历史、经济、民族、就业等方面的丰富信息，会帮助一个中国学生更快地创建属于自己的留学生活圈子。

生活能力准备　一个中国中学生出国前，应加强生活知识的培养，包括科学饮食、生活预算、疾病预防、宗教鉴别、简单维修知识等。

未来职业准备　一方面，应客观分析孩子的性格和兴趣，选择孩子能够力所能及完成学业的课程；另一方面，应培养孩子自己规划个人职业生涯的能力和意识。

资金准备　留学孩子的家庭应做好持续支付学生海外学习费用的准备，以及制定可能出现经济断层情况时的应对措施。

教育孩子就要先了解他

高度敏感的孩子

这些孩子相当的苛刻、难以满足，而且性情急躁，抗拒变化。对于这种类型的孩子最好的方法是设定清楚明了的行为限制，同时还要投入全部感情，努力去理解他们、鼓励他们的自发性。

沉湎于自我想法的孩子

这类孩子喜欢独处，不会很快地适应环境变化。因此应当与孩子建立密切的联系，培养他们的社会交往技能。

反抗叛逆的孩子

反叛型的孩子会令人感到疲惫不堪。所以要保持冷静，为孩子设定行为规范，观察孩子的情绪变化，并试着去和孩子协商沟通。

漫不经心的孩子

这种类型的孩子在“理解、融入”这个世界时有困难。因此在平时要帮助孩子集中注意力，增强孩子的自我关注能力以及提高他们的敏感性。

活泼好动或攻击挑衅的孩子

这类孩子往往会被看成是“具有号召力的人物”，但如果能不断地用严格的行为限制来规范孩子的行为,那么他们可能会被“驯服”，可以培养出温顺热情的孩子。如果能教给他们情绪调节以及放松的方法，那么他们就会更好地去应对生活中出现的问题。

初中二年级　情绪“分水岭”

一直很乖巧的女孩初二时却变得很“冲”，而儿子初二与母亲冲突达到高峰后才开始慢慢懂事。一份调查报告显示，男孩女孩往往在初中二年级出现情绪“分水岭”。

据这份调查显示,青少年与母亲的冲突比与父亲的冲突更多。母亲在子女日常生活和学习中管教更多，更琐碎，因此青少年更容易在母亲面前表现出不耐烦。初二的孩子正处在青春期，生理上的发育必然带来心理上的变化，成为准毕业班学生，学习上也处于突变期；另外他们一面有独立要求，一面又有依赖心理，他们试图摆脱大人的约束，却又不能完全自立，心理上处于断乳期。

对一些亲子冲突严重的家庭，专家表示，要改善亲子关系，不是单纯改变父母或孩子单方面的行为，而是需要两代人互相体谅，互相用欣赏的眼光看待对方。

如何提高孩子的做事效率

方法一　故事引导法　小孩子往往对故事书很着迷，不如找一些有关名人守时的儿童读物，让他自己看，或者亲自给他讲一讲；有时也可以讲一些因为不遵守时间而造成重大损失的故事。生动的故事能让孩子从中受到教育。

方法二　配合“生物钟”法　每个人都有各自不同的生活规律，也就是“生物钟”。不妨和孩子商量着一起制定适合他“生物钟”的作息时间。比如早晨6点到8点，头脑清醒，体力充沛，是学习的黄金时间；晚上6点到10点，不利于记忆，可安排完成复杂计算的作业。一旦定下来就严格执行。

方法三　奖励促进法　和孩子约定，如果他在规定时间内按要求完成作业，就奖励他看动画片。这是运用学习动机中的强化理论，激发孩子养成按时作业的时间观念，恰当的奖励可以强化孩子良好习惯的养成。

方法四　签订“合同”法　签合同也是一种好办法，合同由自我训练项目和每日意志力训练表两个部分组成。父母的职责是监督，如果自我训练项目做得比较好，就打一个钩，如果做得不好，就按合同惩罚。

怎样教育初中孩子

学习　掌握新的学习方法

小学到中学对孩子来说面临着很大的挑战，首先摆在面前的是学科知识面更广、学习内容增加、学习难度提高，教学要求也和小学大为不同。老师也不再像小学老师那样仔细地讲解每一道题、每一个学习内容。中学要求学生自主学习，也更注重课外知识的拓展和积累、综合能力的培养，比如看名著、小说、古诗词等。初中阶段的学生必须掌握“三步学习法”，即课前预习、课中练习、课后复习。

社交　多行引导少加限制

怕孩子学坏是初中生父母最担心的问题之一，提前入手正确引导，给孩子注入“免疫力”，这个问题就不再是问题。家长应该从小培养孩子更高雅的审美乐趣和更积极的人生态度。研究表明，儿童时期的兴趣方向可以延伸直至成人，如果一个孩子从小在科技或艺术方面投入精力，游戏机和烟酒对他的吸引力就会下降。

家长要避免的做法是“头痛医头脚痛医脚”，不要仅仅限制孩子做这做那，引起孩子的逆反心理。儿童心理学家说过：当你要把孩子手中的泥巴拿走时，硬抢是不对的，用一块巧克力去换，才能使双方都接受得心情愉悦。

亲子　变“命令”为“商量”

进入初中的孩子都会有一种已经长大了的感觉，家长应掌握这种心理，改变“居高临下”的教育方式，要用一种平等、友善的态度与孩子交流思想，在语言上要变“命令式”口吻为“商量式”。

在行为上，青春期的孩子表现得更为激进冒险，更多的想法会诉诸行动。对此家长不要过于紧张，不要习惯于各种保护式命令，要敢于放开手让孩子一试。当有了“切肤之痛”后，绝大多数人都会对同类问题改变态度，孩子对家长的劝导会更容易接受。

挫折教育四攻略

没有经历过挫折的孩子长大后会因为不适应激烈竞争和复杂多变的社会而深感痛苦。因此挫折教育需要家长做足工夫。

方法一：给孩子创设接受挫折教育的机会　父母要稍稍克制一下“想帮孩子一把”的冲动，给孩子一个“遭遇”挫折的机会。比如，对于年龄小的孩子，如果他拿不到想要的物品，父母不要马上拿给他，而要让孩子动脑筋，想想怎样才能拿到物品。

方法二：引导孩子直面挫折　在孩子做事遇到困难时，不要马上去指导或强行闯入，这会让孩子有一种严重的挫败感。和成人的现成经验相比，孩子会认为自己是愚钝的，他会对自己的能力产生怀疑。这时候，他需要用更大的勇气去面对妈妈所谓的“引导”给他的心理上带来的划痕，而错过了超越困难的锻炼时机。

方法三：培养孩子坚强的毅力　坚强的毅力有助于培养孩子面对挫折、困难、失败的勇气，让孩子在艰苦的环境中也能顺利成长。可以让孩子坚持长跑，即使是在数九寒冬，也不要让孩子放弃，一定要坚持。

方法四：培养孩子乐观的心态　乐观积极的心态对孩子的成长起着重要的作用，因为它会改变孩子看问题的态度，态度的改变将会成就孩子人生的改变。

如何给孩子买书

选书主要任由孩子的兴趣还是应该父母为孩子挑？某杂志副主编徐凡指出，当孩子年龄较小的时候，书都是父母选的，因为那时孩子还没有选择能力，再往后，当然是听孩子的，但也要听你的。

家长首先告诉孩子一个原则：先选家里没有的；其次是要教会孩子一些评判书的眼光，孩子一般不会注意到书中文字是否优美，父母可以为孩子读上一小段，让孩子来感受其中的文字风格。印装质量是父母要负责把关的，如果连续几本都有印装质量问题，则说明此书的出版商可能有问题，不值得一买，这一点一定要向孩子解释清楚等。

至于书上标的年龄段，徐凡觉得仅仅是个参考。因为同一本书在不同年龄有不同读法。有些标着大年龄段的童书，甚至是成人的书，只要文字优美流畅，内容好，也可以选来读给孩子听。

现在的家长给孩子买书，首先要看孩子读了这书能不能学到知识。对此，徐凡认为这是一种功利性的读书目的。看书学知识本身不是问题，但这样会伤害孩子读书的乐趣。给孩子买书，教孩子读书，首先是要让孩子喜欢书，然后对书中讲述的东西进行认同与亲近，达到情感的交流。

文字多的书不见得是好书，许多绘本书也非常好。孩子有时读图，读图也是阅读，并先于文字，孩子能从读图中阅读到很多东西。孩子拿到绘本书时可能更注重细节，比如鸟为什么会向那个方向飞，而这些可能文字根本就没写。孩子在读图的过程中细细品味出许多东西，而这些延伸出来的东西可能连书的作者都没有想到。

让孩子爱上喝水

一、家里不放饮料　既然不想让孩子成天抱着饮料瓶，那么家长首先就要做到不买，也不在家里放饮料。就算偶尔让孩子解解馋，也应该当场就喝完。

二、在对峙中不能示弱　当孩子吵着非饮料不喝时，家长可不能因为担心他水分摄取不足而妥协。一个“怕”字，很容易让家长变得被动。除非孩子出现脱水现象（如不爱动、皮肤干燥、嘴唇干裂等），否则家长不必太焦虑。

三、父母的立场要一致　觉得对的事，就要坚持立场。家长必须沟通好，千万不要发生“跟妈妈要不到，跟爸爸要就有”的“漏洞”。

四、让孩子知道为什么“不”　家长在拒绝孩子的时候，一定要让他们知道为什么，否则孩子可能会认为“不是不能喝，是你不让我喝”。要帮孩子建立“偶尔喝饮料可以，但平常要喝没有味道的水才正常”的观念和习惯。当然，也不妨跟孩子定好“规矩”，比如承诺他“一个星期有一天可以带蜂蜜水”，帮孩子解馋，也满足他们的好奇心。

五、身教重于言教　自己喝着可乐却要孩子多喝水，没有说服力，孩子也会觉得不公平。

六、化被动为主动　想办法让孩子喝水，但要给得自然，不要刻意。比如，在孩子活动的地方准备一瓶水，观察他喝了多少，如果喝得太少再提醒他，但不要强迫；非正餐时间，当孩子渴了或饿了向你要东西吃时，请他们先喝水再说。

七、妙方引诱多喝水　可以在开水中加入柠檬片、苹果片，让水看起来很漂亮，而且有淡淡的水果味，增加孩子喝水的乐趣。

四招让孩子单独睡

布置一个孩子喜欢的环境。父母可以发挥孩子的主动性和想象力，和孩子一起布置他的小房间或者小床铺，父母要尽可能地满足孩子的愿望。这样，孩子会感到他长大了，有了自己的一片小天地，自己可以说了算了。这首先是从心理上满足了孩子独立的需要，同时又为孩子创造了单独睡眠的环境。

让孩子保持愉快心情去睡眠。父母与孩子分床睡时，要给孩子创造好心情，尤其在晚上入睡前，可以给孩子讲讲笑话或故事，让他心情放松。也可以和孩子一起听听轻柔舒缓的音乐，但不要讲鬼怪故事或者听节奏过快的音乐。

给孩子找个替代物。这时如果孩子需要，可以给他找一个替代物。例如，让他抱着妈妈的枕头睡觉，或者抱着自己喜欢的娃娃睡觉等。时间长了，孩子适应了一个人独睡时，父母可撤掉替代物，但切不可操之过急。

打开房门，保持空间交流。孩子开始独睡时，打开他房间的门，父母也打开自己房间的门，让两个小空间连接起来。这样，孩子会感到还是和父母在一个房间里睡觉，只不过不是在一张床上。

如何解决儿童挑食、偏食

一、可以让宝宝适度体验饥饿，随后获得饱感。

二、限制两餐之间的热量卡路里，餐前一小时不喝饮料和吃点心。

三、进餐时间少于25分钟，每餐间隔3.5 ~ 4小时。

四、慢慢调整孩子不喜欢食物和喜欢食物的比例，把不喜欢和喜欢食物从1 ∶ 1变为2 ∶ 1或更多，使不喜欢变为喜欢。

五、当孩子有推开饭勺、哭闹、转头等行为时，家长采取暂时隔离法，移开食品，把孩子放进餐椅不理她（他）。

六、带孩子到菜场或超市，由孩子决定采购什么食品。

七、提供机会向进食好的孩子学习。

八、不把甜点作奖赏（否则会让孩子误以为那是最好的食物）。

九、允许孩子做进餐的准备，如拿勺、碗等。

十、营造快乐进食，反对威逼惩罚强化冲突。

十一、进餐时不看电视，不听故事，不玩玩具，减少进餐分心。

让孩子乖乖入睡

朱蒂·米黛儿博士写过的一本名为《睡觉，一整夜》的书，教你帮孩子乖乖入睡。

12 ~ 18 个月：这么大的孩子最常见的睡眠问题是夜里频繁醒来，而且醒来就无法再次入睡。

解决方法：哄孩子再次入睡时，要有恰当的表情，具体来说，就是在去卧室察看，并告诉他一切正常时，态度一定要温和而严肃，不要拥抱孩子，不要跟他玩，也不要和他待太久。你的目的就是让孩子明白，没有发生什么值得叫父母过来的事。

不要孩子一叫就过来。孩子第一次叫你时，你可以等上 5 分钟再进屋；下一次时，就等上 10 分钟……将这个延迟时间逐渐加大，给孩子几天慢慢适应，可能一两周之后，他就能形成自己的睡眠习惯了。

18 个月 ~ 3 岁：这时的他们通常都不喜欢上床睡觉。起初，孩子可能会用可怜的声音，要求你亲亲他们，或是请求你检查一下窗帘后面是否有东西。如此折腾到他们困了，才会睡过去。

解决方法：适当地满足孩子的要求，这有助于缓解他的恐惧。你可以假装朝着“怪物的位置”用喷雾剂喷一下，或者在孩子房间里放一盏夜灯。有些孩子害怕墙上的阴影，你就不妨关掉灯，和他讨论黑影到底是什么。之后，严肃地说晚安然后离开。如果孩子跟在你后面跑出卧室，那么你要把他抱回床上，并说“晚安”，不要再做任何额外的事情。

3 ~ 6岁：学龄前的孩子喜欢被关注，因此，他们经常会从床上爬起来，把你叫回去，因为他们还没和你交流够。

解决方法：你可以充分利用这一点，帮助孩子入睡。在说过晚安后，你可以告诉孩子，如果他能安静地待在床上，你将会在5分钟之后回来，吻他或者给他读个小故事。这种方法的关键是，你要遵守给孩子的承诺，一定回来，只是要慢慢减少次数并延长时间。

儿童穿鞋　1.5厘米的跟最好

鞋穿不对，脚会难受。但对孩子来说，却不只是难受的问题了，可能还会影响他们脚的发育。那么，如何选择一双合适的皮鞋呢？首先，鞋后跟要有点高度，以1 ~ 1.5厘米为宜。其次，鞋底要稍微有些硬度，因为孩子在走路时，身体重心全在脚上，如果鞋底太软，容易重心不稳。再次，鞋帮不能太窄，鞋子尺寸也不能太大，即脚掌、脚趾处于自然伸展的状态时，脚后跟处能留出一寸左右（差不多有大人一个手指宽度）的空间，以保证脚部不会受到压迫。最后，不要选择尖头的皮鞋，否则孩子穿起来脚趾放不平，不利脚部发育。

荞麦壳枕头让孩子睡得香

首都儿科研究所生长发育研究室孙淑英副主任医师表示，枕荞麦壳枕头更有助于孩子睡眠。有些家长认为孩子的骨骼还没有长成形，软一点的枕头比较好，因为不会影响到孩子的骨骼发育。其实，这是一个认识上的误区，枕头太松软对头皮压迫面积大，不利于血液循环，对头颅和颈椎也没有好的支撑力，反而不利于孩子的骨骼发育，而且对于婴幼儿来说，过于松软的枕头还有可能使孩子睡觉时将头埋在里面，有发生窒息的可能性。

最好给孩子量身定做一个荞麦壳枕这样有一定硬度的枕头。由于荞麦壳的特点，使其具有一定的流动性，可随着孩子睡觉时姿势的变换而改变形状，从而对孩子的头部和颈部骨骼可以起到均匀承托的作用，而且荞麦壳枕透气性好，各个季节均使用适合。枕头长度应与孩子肩宽相等或稍宽些，枕头不要太高，3 ~ 5 厘米就可以了。枕套最好用软棉布制作，以保证透气、舒适。需要提醒的是，由于小儿新陈代谢旺盛，头部出汗较多，睡觉时容易浸湿枕头，因此，孩子的枕头最好准备两个，以便换着用，隔两天还应该晒一晒。

春季孩子穿衣有讲究

春季乍暖还寒，孩子的服装以多层为适宜，既便于增减衣服，又利于保温。内衣面料要柔软、吸湿性和透气性好，中间层次的衣服要有弹性和伸缩性，便于孩子自由活动为好，外层衣服最好穿透气性小的面料制成的。碰上寒流时，适当给孩子增加衣服。

春暖花开的季节，孩子的室外活动增多，其衣服要每天随着气温变化而增减。“要想小儿安，须带三分寒”的说法也很有道理，然而，有不少父母当天气已进入稳定的春季，还怕孩子冻着，给孩子从头到脚包得厚厚的，这样会限制其手足的活动，一活动就出汗，孩子面红耳赤，甚至影响到呼吸。

此外，要引导孩子经常进行体育锻炼，以增强体质，抵御各类疾病，孩子只有经常在户外晒太阳，才能接受到较多的紫外线照射，以保证孩子体内的钙转变成维生素 D_2 和 D_3，被人体吸收，从而减少儿童佝偻病的发生。

正确引导孩子吃零食

中国疾病预防控制中心营养与食品安全所和中国营养学会编制了《中国儿童青少年零食消费指南》，希望能指导他们在不影响正餐的前提下，合理选择、适时适度适量消费，或者必要时限制食用零食。《香港小学小食（零食）营养指引》认为，由于有些儿童胃容量小，活动量却较大，一日三餐很难充分补给他们日常消耗的能量，或身体所需的营养素，因此，健康小食对儿童的成长和发育都会有益。由此看来，与其盲目禁止，倒不如学会怎么吃零食才更关键。对于所有孩子来说，有 5 个原则必须遵守。

1. 零食应是合理膳食的组成部分，不要仅从口味和喜好选择；2. 选择新鲜、天然、易消化的零食，多选奶类、果蔬、坚果类食物；3. 吃零食不要离正餐太近；4. 少吃油炸、过甜、过咸的零食，少喝含糖饮料；5. 注意个人卫生及口腔清洁。

此外，不同年龄段的孩子也有不同的讲究。

3 ～ 5 岁儿童应特别注意：

1. 吃零食不影响正餐的食量，睡前半小时避免吃零食；2. 多喝白开水；3. 注意零食的食用安全，避免豆类、坚果类等零食呛入气管。

6 ～ 12 岁儿童应特别注意：

1. 学习、了解不同零食的营养特点，不要盲目跟随广告选择零食；2. 每天吃零食一般不超过 3 次，每天吃零食应适量，避免在玩耍时吃；3. 多喝白开水；4. 少吃街头食品。

13 ～ 17 岁青少年应特别注意：

1. 认识零食的营养特点，学会选择和购买有益健康的零食；2. 根据学习或运动需要，在正餐之间吃适量零食，但每天食用不要太频繁；3. 在休闲聚会时、电脑电视前，警惕无意识地吃过量零食；4. 不喝含酒精饮料；5. 不要以吃零食的方式来减肥；6. 少吃街头食品。

三岁以下儿童不该看电视

不同年龄孩子看电视限制不同　英国心理学协会的合作人阿里克·希格曼博士日前向议员们提出，应设立类似于盐摄入量指导的“每日摄取建议”系统，对看电视时间进行适当控制：3 岁以下儿童不应该收看电视；3 岁至 7 岁的儿童每日看电视的时间应限制在 30 分钟至 1 个小时；7 岁至 12 岁的儿童每日看电视时间应限制在一个小时；12 岁至 15 岁每日看电视应限制在一个半小时；16 岁以上的青少年每日看电视应限制在两个小时。

电视“十宗罪”　激素分泌受到干扰　电视发出的光线压制了一种重要的激素——褪黑激素的产生。

免疫功能降低　褪黑激素减少可能增加细胞 DNA 变异的机会，容易引发癌症。

早熟　现在女孩进入青春期的时间有所提前，原因是她们的体重增加了，也有可能与她们经常看电视导致的褪黑激素减少有关。

睡眠失调　感觉器官受到过度刺激容易导致失眠。

易患自闭症　这与看电视导致社交时间减少有关。

肥胖　这是因为看电视的孩子运动量减少。

提高心脏疾病的风险　因为胆固醇升高及荷尔蒙变化会影响睡眠质量，使免疫能力下降。

注意力不集中　注意力集中的时间较短，也更容易患上注意力缺失多动症。

影响大脑的发育　看书可以通过刺激大脑，促进大脑发育，促进儿童的分析思考能力，而看电视是一种被动的行为，没有这样的功能。

影响学习成绩　到26岁时，看电视多的人接受教育的水平普遍低于平时很少看电视的人。

孩子偏食　责任在父母

想吃啥就给啥　对孩子的饮食要求，总是有求必应，从而使孩子的口味越来越高，专挑自己喜欢的好吃的东西吃。

零食不离口　五花八门的零食对孩子极具诱惑力，如果养成常吃零食的习惯，会导致胃肠道消化液不停分泌，胃肠缺乏必要的休息，最终可能引起消化功能减弱，食欲下降。

父母“包办”喂食　孩子1岁左右时，父母就应该培养他自己动手吃饭的习惯，但有的孩子四五岁了，大人还坚持喂食，以至影响孩子对吃饭的兴趣。

边看电视边吃饭　这是许多孩子的“通病”，电视中精彩的画面分散了孩子的食欲，正餐时未吃饱，孩子依靠零食来补充。

未把握饮食时间　孩子刚睡下，或刚做完游戏就吃饭，准备工作不充分，消化液分泌不足，会影响孩子消化功能，容易造成偏食。

食物单调　年轻父母掌勺的小家庭习惯常做一种饭菜，或者孩子爱吃什么，就总给孩子做什么，吃腻了，偏食也就形成了。

父母偏食　有的父母本身有偏食习惯，在饮食上挑三拣四，在孩子面前常说这不好吃，那也难吃，这就可能使孩子学大人的样。

烹调不可口　尽管买了许多好东西，但是父母烹饪技术不过关，做得没有滋味或缺乏变化，孩子不爱吃，不感兴趣。

餐桌气氛不良　父母关系不和，常在餐桌上争执，孩子吃饭时会精神紧张，导致没有食欲，也会诱发偏食。

孩子赊账父母要不要还

我的孩子今年9岁，他经常瞒着家里在学校周边的店里赊购东西。这个学期，他在记账本上已经赊欠了快300元，现在这些东西都被他消费掉了。前几天，店主找到我，要我付清欠款，我这才知道孩子在外面欠了钱。对店家这种乱赊东西出去的行为我非常反感，请问：孩子的这种赊账，我有义务偿还吗?

对孩子的这种赊账，你可不予偿还。我国法律规定，不满10周岁的未成年人是无民事行为能力人，由他的法定代理人代理民事活动。你的孩子今年9岁，属于无民事行为能力人，不能独立进行民事活动，所以像购买物品这类行为只能由父母代理行使。其独自赊购物品是无效的。而且，商家明知赊购商品的人是没有偿付能力的小孩，仍不断赊出商品，商家对此应负全责。目前，在东西都被消费掉的情况下，返还财产已不可能，因你方没有过错，所以对店家的财产损失你可不予担责。换句话说，孩子的这种赊账，父母可不予偿还。

做这些事让暑假更有意义

种养一样东西　和孩子一起养一种动物或者种一样植物，如豆芽、瓜、豆角之类。当瓜或者豆角顺着防盗网一天天向上攀爬的时候，渐渐地开花、结果，让孩子用观察日记的形式记录它的生长过程。养动植物可以培养孩子的爱心、耐心和观察能力。

记一本家庭账　家庭准备一个记流水账的本子。让孩子每天记录家庭的开支情况。这么做，可以锻炼孩子的计算能力和识字能力。孩子亲自去做，他就知道家庭的收入水平，知道劳动才能创造财富，知道节俭可以积累财富，知道用积累的钱财去投资可以增加财富。

学做一个菜　家长可以教孩子做一个菜。可以让孩子洗菜切菜、调味腌渍等。做这些，不仅可以锻炼孩子的动手能力，还能够培养孩子将来组建家庭的情商。

读一本书　抽出时间，把电视、电脑关了，和孩子一起静静地阅读一本书。孩子养成阅读习惯，无论在什么环境，都会不受条件限制去学习了。

看望长辈　让孩子去看望一次长辈，出发之前就告诉孩子，长辈在父母的成长过程和他的成长过程中付出了很多爱与关心，孩子要去感谢。

带上孩子去旅行

中国有句古话：“读万卷书，行万里路。”在孩子三岁以后，我和我的先生就开始带孩子自助旅行。这不仅仅是为了游山玩水，更重要的是，希望孩子通过旅游得到多方面的锻炼。我们发现自助游对他们产生了很好的影响。

出发前和旅游的途中，我们都把重要的任务分配给孩子。例如出游前学习将要游玩的国家的基本用语、通过查阅书本确定我们的旅游路线、在旅游过程中充当向导等。等我们到了欧洲以后，一般的线路等都由两个孩子负责了。租车旅行的时候，孩子们轮流坐在副驾驶员的位置上，拿着地图给爸爸妈妈指路，就是这样我们开了 3 周的汽车，游玩了英国、意大利、法国、德国、西班牙和捷克等国家。

各个国家不同的风土人情使孩子们眼界大开，我们每到一地，必定会去参观当地的博物馆与历史纪念馆等，为的是使孩子们了解各个国家走过的不同的发展之路。我们还会寻找机会和当地的居民交流，了解他们的生活。虽然我们有时也在昂贵的旅馆过夜，但我们经常住在提供“床与早餐”的旅馆或是背包客喜欢留宿的小旅馆。我们觉得这样可以让他们知道富人与穷人都各有妙招去过他们快活的日子。我们发现在“背包客”喜欢的旅馆更能教导他们与他人相处，并相互学习。

刚开始去旅游的时候，孩子们都会买一些零零碎碎的纪念品，回家后就扔到一边不再玩了，成了占据家庭空间的废物。于是我们就教育他们选择有保留意义的纪念品，现在孩子们已经不再购买无特别意义的东西了。有时时间允许，他们会想去逛书店。我们每到一地，都会买一些介绍当地风土人情、历史背景的书籍，大女儿还特别喜欢收藏明信片。这种作风延伸到他们的日常生活之中，他们变得节俭，准确地说是懂得辨别哪些是有益的，应该购买，哪些是用处不大的，不应该浪费金钱。

在旅途中难免会遇到一些预料不及的情况，例如发现当地人都不会说英语，这对于自助旅游者是一个很大的挑战。于是我们去书店买双语字典，边看路标、商标边学习。通过给孩子们分析如何去解决突发问题，或者直接把棘手的问题交给孩子们去处理，培养了他们很好的应变能力。

哪些地方适合与孩子一起去

寓教于乐的自然科教类：海洋公园、野生动物园、森林公园、植物园、海岛海滩、博物馆、科技馆。

以“动感、新奇、刺激”为主题的公园/游戏场：香港迪士尼，深圳欢乐谷，广州长隆欢乐世界。

以修学为主题的寓历史文化、民俗风情等于一体的旅游：如北京故宫、万里长城、西安兵马俑、江西井冈山、山西平遥等。

以休闲和深入体验民俗风情的旅游：如云南的大理丽江，广西桂林阳朔，以及东南亚地区。

宝宝睡得好　才能长得好

育儿专家联盟的鲍秀兰教授呼吁，宝宝睡得好，才能长得好。中国父母应将以下六大法则融入日常生活中，并认真实践。

1. 睡眠环境——卧室温度　最有利于宝宝睡觉的卧室温度为20℃～25℃，湿度则应该保持在60%～70%。

2. 入睡时间——9点前　科学研究表明，生长激素在深睡状态1小时后进入分泌高峰，在夜间10点至凌晨1点分泌最旺盛，如果错过这段时间，宝宝的发育将受到影响。所以最佳入睡时间最好安排在晚上 9 点前。

3. 睡眠时长——10 小时 宝宝年龄越小，所需睡眠时间越长。随着宝宝的成长，睡眠时间会有所缩短，但每天至少应该保证有 10 个小时的睡眠。

4. 睡眠准备——合理规律的睡前运动 持续、规律的睡前活动有利于宝宝在此环境中入睡，但不宜进行剧烈运动。此外，还要给宝宝营造一种睡觉的氛围，灯光调暗，给宝宝一个要睡觉的信号。

5. 睡眠装备——干爽纸尿裤 睡前为宝宝换上一条能迅速锁水的干爽纸尿裤，能让宝宝睡得更香。

6. 睡眠方式——单独睡眠 单独睡眠有助宝宝从小培养独立意识。宝宝最好不要与父母同床同睡，以免形成对父母过多的依赖。

辅食添加 不应早于4个月

世界卫生组织建议给婴儿添加辅食的时间应从 6 个月开始，不应早于 4 个月或晚于 8 个月。添加的频率为 4~6 个月时 1~2 次 / 天，7~9 个月时 2~3 次 / 天，10~12 个月时 3~4 次 / 天。

婴儿体内储存的铁在 6 个月后耗尽，因此要添加强化铁米粉，8 个月后可添加动物性食物、肝等含铁丰富的食物。

维生素 A 是保证眼睛和皮肤健康及抗感染所必需的，要添加深绿色蔬菜和黄色水果或强化的维生素 A 来进行补充。

孩子的健康饮食法则

美国两大权威育儿网站“儿童健康”网和“网络医学博士”网公布了一些实用建议，帮助家长们为孩子制定健康饮食法则。

父母控制第一道防线。在采购食物时，父母就要注意，家中只储备健康食品。还要让孩子了解不同类型的健康食材以及它们的作用和营养，让他们从小就知道如何做出健康的选择。

别剥夺孩子的选择权。家长为孩子提供健康的食物，要让孩子有权利选择自己吃什么、吃多少。只要保证选择范围内的都是健康的食材，就能让孩子吃得健康又快乐。

别催孩子都吃光。孩子自身能够感知到是否吃饱，而别人的催促，常令他们身不由己，吃掉过多的热量。

创造良好的用餐气氛。很多家长把吃饭的时间当成管教孩子的时机，这样只会让孩子吃饭过快，尽早离桌。

婴儿期开始预防挑食。孩子在婴儿期就可能出现挑食的倾向，因此，从吃辅食开始，就要为孩子提供适合的、有益的、类型丰富的食材。为让他们接受新的食物，可以在不同情景下多次尝试，但不要强迫孩子吃，要从小口小口的试吃开始。

提供新鲜用餐体验。如果孩子想吃洋快餐，不妨分散他的注意力，为他提供更加丰富而有趣的用餐体验，去品尝风味不同、更加健康的菜肴，这样，在孩子心中，不健康食物的吸引力就会减弱。

别把饮食当奖惩。惩罚孩子不能以不让吃饭为方法。如果犯了错会吃不到饭，孩子就会担心挨饿，找到机会就猛吃。此外，不要用冰激凌、蛋糕等甜食作奖励。

哄宝宝睡觉三误区

在宝宝的成长过程中，睡眠起到非常关键的作用。不良的哄睡习惯非但起不到作用，还可能危害宝宝的健康。

摇晃宝宝　当宝宝哭闹时，大部分爸爸妈妈和家中老人都喜欢把孩子抱在怀中摇晃，宝宝哭闹得越厉害，就摇得越猛烈，直到宝宝入睡。其实，对于一岁以内的宝宝来说，摇晃会使未发育成熟的大脑与较硬的颅骨相撞，严重的可引起脑震荡、颅内出血。

搂着睡觉　有些妈妈担心宝宝晚上踢被子、睡不踏实，常常搂着宝宝睡。这种做法增加了发生意外的可能性。宝宝在睡觉时呼吸不到新鲜空气，吸入的多是被褥里的二氧化碳；限制了宝宝睡眠时的自由活动，对运动能力发展不利。此外，这种睡法固然方便了妈妈夜间喂奶，但如果妈妈喂奶时睡着了，乳头容易堵住宝宝的鼻孔，或者呛奶没有及时发现，都会造成严重的后果。

卧室留灯　很多家长会在卧室里留一盏小夜灯，方便安抚宝宝以及喂奶、换尿布，但这种做法对宝宝的健康不利。通宵亮灯的环境可使宝宝睡眠时间变短，且改变了人体适应昼明夜暗的自然规律。已有报告指出，卧室亮着小灯睡觉的孩子中有 30% 变成了近视眼，而灯火通明导致孩子近视眼的发生率高达 50% 以上。

怎么带小孩下馆子

生活节奏紧张，或是家人周末外出游玩，难免会去餐厅吃饭。如何更安全、健康地带孩子在外用餐呢？

选择适合孩子的餐厅。比如留意其是否安静、宽敞、干净、有卫生许可证等，是否配有儿童座椅和适合儿童的食物。也可以直接选择孩子喜爱的儿童主题餐厅。特别要注意选择适宜的座位。孩子爱闹爱动，应选一个较宽敞的空间，便于他们活动。另外，也要注意周围是否有可能伤到孩子的危险品，如玻璃装饰、尖角状物体等。

去前做好准备。首先，让孩子，特别是小宝宝，在去餐厅前小睡一会儿，养足精神。其次，可以给孩子买一件新鲜有趣的礼物，在晚餐时送给他，不仅让孩子高兴，还能打发无聊的等餐时间。再次，家长可以适当给孩子准备些小点心，如果在晚餐开始前孩子饿了，就可以先吃一点。此外，最好给孩子自备一套餐具。

选择健康营养的菜品。1. 首先要考虑营养搭配，蔬菜、肉类、主食都要有。2. 点菜时多选择蒸煮食物，油炸食品、烧烤类食物都不适合孩子。3. 生鱼片、凉拌菜等生冷食品不要给孩子吃，以免引起腹泻。4. 尽量少给孩子吃甜点，不要让他们边吃饭边喝饮料。

带孩子逛街有学问

选择合适的商场　父母若带孩子进商店，也应该有所选择。比如：多进一些书店、文具店。当孩子看到叔叔、阿姨、哥哥、姐姐乃至爷爷、奶奶们在那里认真精选着自己心爱的书籍时，孩子会无形之中感受到知识给人们带来的无穷力量，同时也会培养幼儿从小爱学习、爱文化的美德。

注意培养观察力　父母在上街前一定要讲清楚今天带他去什么地方，要求他把见到的某些事物记下来。如：你在道路两旁见到了哪些建筑物，汽车如何在道路上行驶，在公园里看见了什么景区，最让你开心的是什么地方等。因为这样既可提示孩子外出游玩时要留心观察，提高社会观察力，同时还可以促进幼儿口语表达能力的发展。

教给孩子理财常识　当父母带孩子进入商场时，应教给孩子合理地花钱。告诉孩子什么东西该买，什么东西不该买。这样既培养孩子节约用钱的美德，同时又教会孩子合理地用钱。

培养社会公德　首先父母在带孩子外出游玩时，一定要以身作则。如：坐车排队、与人打交道要用礼貌用语、扶老携幼、不乱扔垃圾、不随地吐痰等；其次，让孩子懂得哪些是良好的社会公德，哪些是不好的品质。父母的一言一行都在起着潜移默化的感染作用，所以父母首先要在孩子面前树立良好的榜样，这样孩子才能健康快乐地成长。

家长如何应对中学生早恋

早恋的原因：1. 早恋的学生往往在家中得不到充分的爱和关怀，于是希望在异性身上能够得到弥补。2. 有的学生认为对方对自己“有意思”，或者自己对对方“有意思”，因此逐步走进感情的漩涡之中，甚至于陷入“单相思”一发不可收。3. 有的学生因为精神空虚、寂寞，心思没有投入到学习中。

采取的措施：1. 当发现孩子有早恋的苗头时，家长可以告诉孩子：喜欢心目中特定的异性是这个阶段孩子都会发生的事，但这种喜欢只能保持在友谊的层面，不要发展为“恋爱”。要教孩子区分友谊与爱情的关系，使孩子对恋爱、婚姻有更进一步的认识。2. 家长对待孩子的早恋问题切忌态度粗暴、方法简单。最好的办法是理解孩子，体贴孩子。要耐心地倾听孩子的诉说，并给孩子以热情、严肃的忠告，告诉孩子中学生谈恋爱最后“终成眷属”的还不到3%，成功的可能性非常小。3. 家长应鼓励孩子积极参加对身心健康有益的活动，以转移其注意力，发泄其充沛的精力。

孩子乘车安全“一把抓”

1. 放慢车速　除了安全带，安全座椅的被动安全设施以外，放慢车速，小心驾驶才是保障您和孩子出行安全最根本和有效的措施。切忌抢行猛拐，与他人斗气飙车。

2. 让宝宝坐后排　对于12岁以下的儿童，家长最好让孩子坐在车子的后排并系好安全带。许多轿车前排配有安全气囊，在紧急情况下，气囊的打开会对孩子造成极大的伤害。另外，千万不要选择抱着孩子乘车，特别是抱着孩子坐在前排，这样在车辆紧急制动时，孩子便成为您的“安全气囊”首先受到伤害。

3. 开车前先锁儿童安全锁　儿童安全门锁这项配置，在近几年上市的家用轿车中被普遍配备。主要目的是防止孩子在车辆行驶过程中误开门窗，发生危险。

4. 乘车时不要让孩子吃硬壳类食物　无论是在平坦的道路上，还是颠簸崎岖的路段，最好不要让坐在车上的孩子吃颗粒状、硬壳类的食物。避免在车辆紧急变道，紧急制动或颠簸时，孩子被食物噎到，发生危险。

教育孩子学会自我保护

1. 遇袭。在某地方，突然闯进一个坏人，拿着刀对孩子说："不许动，蹲下！再不蹲下就杀死你！"擒拿匪徒不是孩子能够做到的。应先按匪徒的要求做，不要激怒他，暂时顺从，机智灵活地应对，拖延时间，等待警察救援。

2. 遭骗。孩子独自在家，有位认识或不认识的叔叔来敲门。决不要为任何陌生人开门。也不要门铃响了而不理会，因为小偷有时会按门铃试探是否有人在家。你可以隔着门说，你妈妈在睡觉，而你打不开门，让他过一会儿再来。然后，给家长或邻居打电话求助。

3. 遭遇黑帮。一个小男生，放学路上被人抢劫。应先把东西给他们，尽量避免与劫匪发生正面冲突，然后记住他们的样子，告诉老师和家长。或者马上报警，或者找附近的大人帮忙。

4. 迷路。一个人在街上或外地迷路，身边没有熟识的人时，应告诉一个可靠的人或者警察，你走丢了，找不到妈妈了。如果是在购物中心，找最近的收银员。切莫随便找一个大人告诉他你走丢了。

5. 被跟踪。当你回家时，发现有人在后面跟着你。应穿过马路或者走另一条路，以避免与尾随者接触。如果这个陌生人仍然跟着你，或者他强迫你跟他走，你要大声尖叫并跑向附近有人群的地方。如果这时你家里没人，也不要往家里跑。

6. 室内有人昏迷。你发现家中的大人躺着一动不动，甚至当你叫他时他仍然不醒。应立即给医院打电话。如果你不知道医院的电话号码，可以打 120 帮忙，也可以大声呼叫，让邻居帮忙。

7. 自己受创伤。你独自在家时不慎被利器划伤。如果伤口流血不止，应马上用干净布，例如毛巾等，将伤口包紧。包紧的程度应能止住流血。然后，给家长或者邻居打电话请求帮助。

8. 有人溺水。有人不小心掉入水中，并且他不会游泳。你切莫跳入水中企图救他，而应该将救生圈或者其他任何可以漂浮的东西扔给他，让他抱住并坚持住，然后，跑去叫人帮助。

假期教孩子学会自我保护

让孩子记住自己及家长的姓名，居住地址，家长的工作单位及电话等，以便万一丢失后能及时被好心人送回。

教育孩子当家长不在身边时，切莫轻易听信陌生人的花言巧语。不接受陌生人的礼物、玩具、食品等，以防被坏人哄骗拐走。

教育独自在家的孩子要关闭门窗，锁好防盗门，不轻易给陌生人开门，可隔门与对方对话。慎防假借查水电、查管道名义的人入户行窃。

教导孩子无把握时不要自行开启燃气、空调机、远红外线取暖器等家用电器。

教孩子学会过马路时走人行横道、过街天桥或地下通道，不跨越封闭式马路中间的栏杆。

让孩子知道外出前要先告知家长或写个字条放置显眼处，写明自己要到何处去，与谁为伴，几点钟回家等。若去同学或老师家，一定要留下对方的地址与电话，便于家人寻找、联络。

教会孩子与可靠的邻居建立联系，有难处或遇到麻烦时，可根据情况向邻居求助。

给孩子开门安全教育课

着火了　对于5岁以上的孩子，父母应该教会他们如何逃离火灾现场：迅速抓起一条毛巾、浸湿、捂着鼻子和嘴巴冲出房门，放低身体往楼梯方向跑。遇到火灾不能乘电梯！如果火势很大，可以手脚并用，沿着楼梯或在地上爬行逃生。一旦顺利地逃出火灾现场，就要在安全的地方等候救援，千万不要返回失火的地方。

假如火灾发生在自己家的楼下，不易出逃，稳妥的办法是留在家里，关好所有的门，并用湿布封好门缝。打电话给119，说明自己的准确位置，然后站在阳台或窗口、挥舞颜色鲜艳的布等待救援。记住：跳楼逃生是万万不可以的，尤其是住在高层。

陌生人在敲门　无论是小学生还是中学生，父母都要反复强调，当他们独自在家的时候，绝不给陌生人开门，无论这个人说他是父母的朋友还是亲戚委托送东西的快递。最简单的做法可以装作家里没人，把声音压到最低打电话给家长，或给爸爸妈妈发个短信。

忘记关煤气了　有时候，孩子用煤气烧水、热饭后忘记关煤气了……类似的事情时有发生。事先提醒孩子，遇到这种情况，打开所有窗户通风，并打开抽油烟机，让毒气迅速散去。另外，家长也应把煤气的安全使用方法传授给孩子。

远离狗患　让孩子知道，即便是再温柔的狗，也会咬人，平时不要去挑逗狗，以免把它激怒；如果被狗追，千万别跑，因为你越跑、狗越追，被咬的可能性就越大。还要让孩子知道，一旦被狗抓了，不管严重不严重，都要告诉家长，及时注射狂犬病疫苗，同时，要把狂犬病的危害性讲给孩子听。

不和陌生人说话　车站、地铁站、机场、超市等公共场所，都是孩子们经常出现又隐藏危险的地方。告诉孩子，一旦遇到陌生人过来搭讪，不管他怎么说，都不要跟他走，可以对他说父母就在不远处，也可以向人多的地方跑。

坏人敲诈　让孩子明白，安全比任何东西都重要。如果不幸遇到坏人敲诈，把身上的钱给他；假如身无分文，就把所有值钱的东西都给他，比如自行车或手机，只要能保证自己安然无恙就好。

有困难找警察　当遇到自己不能解决的问题时应当向警察求助，或拨打 110，让孩子养成勇于开口的习惯。

6岁学会独自在家

只要孩子够上小学的年龄就能独自在家了，这对他们不仅是种锻炼，还有助于自我保护意识和自立意识的培养。“前提是，父母要先做好充足的准备。”美国宾夕法尼亚州杰弗逊大学医学院儿科副教授凯特·柯南指出。

孩子准备好了吗　首先要考虑孩子的年龄是否适合单独在家。通常6岁以上的孩子就有处理问题的能力了。下面的问题可以帮你确认孩子是否真的已经能够“胜任”：他有责任心吗?是否能按时完成作业，能帮助做家务、能听父母的话吗（如不要和陌生人说话等）？当遇到突发事件，他能保持冷静吗?孩子是否明白并能遵守规矩、掌握安全措施，是否了解基本的急救常识?

如果以上问题的答案都是肯定的，也要进一步确认。如来个“演习”，有意把孩子留在家半小时到1小时。等到你回来时，和孩子谈谈他们独自在家的心得。

学会对突发事件的处理　掌握一定的安全常识和急救技巧，是孩子独自在家必备的防护武器。比如，他们要知道各种急救电话：报警电话110、急救电话120、火警电话119等；知道如何开关灯、开门、锁门，能够正确使用微波炉等家用电器。家长还应时时教导孩子，在面对恶劣天气、厨房有烟或火、有陌生人敲门、家中停电等情况时应怎样应对。还有一件重要的事：在座机或手机中设置亲情号码，告诉孩子，只要按一下，就可找到父母。

出远门前立“规矩” 每天规定一个特定的时间和孩子通话；告诉孩子，他可以邀请小朋友到家里，但得强调只有哪些屋子是他们可以进的；规定好看电视、用电脑的时限并限定电视节目类型；把家里的危险品清除或锁起来：如酒精、药物、香烟、打火机或火柴等。

给孩子一个电话单，里边有亲戚朋友的电话，若孩子寂寞，可让他们来陪；再留张纸条提醒他，父母的关心一直都在陪伴着他。

儿童乘车，小心这些危险

很多时候我们都要带着自己的心肝宝贝乘坐小车出游，但是儿童乘车安全方面，又有多少车主了解或者知道应该注意的地方呢？

安全带缠绕

在车上，儿童可能会被安全带缠住，他或她可能会将安全带完全拉出，并绕在头部、颈部或腰部。

预防方法：1. 永远要确保孩子被正确地安置在车内。2. 教育孩子，安全带不是玩具。

电动车窗

儿童会因为电动车窗而伤害到自己。许多孩子会在车窗关上的时候伤到他们的手指、手腕。

预防方法：1. 教育你的孩子不要玩车窗开关。2. 教育你的孩子不要站在车门框上。3. 将你的孩子适当地限制在儿童安全座椅或安全带内，以防止他们意外地启动电动车窗。4. 查看一下，以确保你孩子的手、脚和头在车窗升起来之前没有放在车窗上。5. 当你离开车子的时候，绝不要将钥匙落在点火装置上或是“辅助的”位置上。

后备箱的诱惑

孩子天生就很好奇，如果他们躲到后备箱里玩捉迷藏的话，可能会转变为致命性的危险。

预防方法：1. 教育孩子汽车的后备箱是用来装载货物的，不能进去玩耍。2. 当你的孩子在车子周围的时候，一定要小心看好他们。3. 如果你的孩子不见了的话，立刻检查后备箱。4. 锁上你的车门和后备箱，并确保钥匙和遥控启动装置放在孩子看不到、够不着的地方。

倒车

许多孩子都是在倒车事故中丧生或者受重伤的。

预防方法：1. 在倒车之前，首先绕你的车子转一圈，查看一下车子周围的区域。2. 教育孩子在司机上车或者车子启动的时候离车子远一点。3. 让孩子站在私人车道或人行道的一旁，这样在你从私人车道或停车位里倒车出来的时候就能够看到他们了。

中暑致死

每年都会有儿童因为被单独落在车里，最终因中暑而死。

预防方法：1. 平时就养成良好的习惯，树立正确的意识，不要让你的孩子在车内逗留、玩耍。2. 绝不要将婴儿或者孩子留在停放的车子里，即使是车窗部分敞开着。3. 养成在锁门和走开之前，查看车内（前后座）的习惯。

哪些是孩子身边的“毒玩具”

随着人们生活水平的提高，玩具的需求量更是越来越大，但是，很多家长并没有意识到玩具中存在着安全隐患。

增塑剂致儿童性早熟

北京化工大学材料科学与工程学院徐日炜副教授介绍，含有邻苯二甲酸酯的软塑料玩具及儿童用品有可能被小孩放进口中，如果放置的时间过长，就会导致邻苯二甲酸酯的溶出量超过安全水平，危害儿童的肝脏和肾脏，影响婴幼儿体内荷尔蒙分泌，引发激素失调，有可能导致儿童性早熟。

拼图地垫难以让人放心

泡沫塑料拼图地垫是一种常见的儿童玩具，受到众多家长的青睐，却存在着安全上的问题。

现在国内销售的拼图地垫材质大多以 EVA（乙烯和醋酸乙烯酯共聚物）、PE（聚乙烯）为主，这两种材质本身无毒，但厂家在制作拼图地垫的过程中，会添加甲酰胺，这种物质对人体健康有一定危害。

色彩背后有重金属危害

为了让玩具拥有更加诱人的颜色，一些厂家将大量着色剂应用到塑料玩具的生产中。着色剂主要分为有机着色剂和无机着色剂两种。部分无机着色剂含有毒性较大的重金属，特别是汞、镉、铅、铬等，它们都具有显著的生物毒性。

除了着色剂中含有重金属等有害物质外，塑料玩具本身可能也会含有有害物质，特别是一些采用劣质再生塑料制成的玩具。

针对玩具中可能存在的这些安全问题，徐日炜指出："如果购买的玩具气味很大，或者颜色异常鲜艳，那么，它们存在安全问题的可能性就会更大一些。对于年龄大一点、具有自理能力的孩子，家长要让他们勤洗手，不要让玩具接触口腔。而对于年龄较小的孩子，家长在购买玩具时，要多注意购买正规厂家生产的、具有安全认证的玩具。”

让孩子远离性伤害

身体不能随便摸　要教会孩子判断自己身体中的重要部位，让孩子知道身体属于自己，身体的某些部分应被衣服所覆盖，不许别人看，更不许触摸。

别人家不要随便去　对于学龄前的孩子，我们需要尽可能让孩子在家长的视线之内活动。到小朋友家里面玩，也要尽量由家里人带着去。

小秘密要对妈妈说　要告诉孩子，如果遇到了什么奇怪的事情，一定要回来告诉妈妈，不要把小秘密藏在自己心里。

敢于对别人说“不”　从小就给孩子评判和鉴别的机会，让孩子自己学会思考、学会辨别。当孩子遇到别人的不合理要求时，要教会孩子大声对别人说“不”，关键时刻可以向路人呼喊“救命”等。

不随便与陌生人接触　教会孩子不要随便跟陌生人接触，包括不跟陌生人走、不吃陌生人的食物、不给陌生人开门、不轻信陌生人的话等。

童贞需要自己珍惜　对于青春期的孩子，我们除了要教他们性方面的常识以外，更为重要的是告诉他们，两性之间的性关系是基于真爱之上的，自己的童贞是无比珍贵的。不能把自己的童贞不当回事，甚至还拿去换取金钱。

朋友需要学会选择　告诉孩子什么才是真正的朋友，如果带有功利目的的交往肯定不是真正的友谊；让孩子知道，经常交往的朋友是需要学会选择的；更重要的是，让孩子具备判断是非的能力，学会鉴别益友和损友，形成自己为人处世的原则。

坏人可以骗　要告诉孩子，对待那些作恶多端的坏人，完全可以通过欺骗的方式让他无法得逞。当遇到危险的时候，需要随机应变，可以这样告诉坏人：“我爸爸是警察”、“我家就在附近”、“我会跆拳道”等。通过这样的吓唬，有些胆小的坏人就会溜之大吉。

遇到危险要求援　要让孩子平时记住报警电话号码、家里的电话号码、父母的手机等联系方式，这样遇到危险就可多方求援。

12岁以下儿童不宜坐“副驾驶”

中消协和中国道路交通安全协会提醒儿童乘车“四不宜”，即12岁以下儿童不宜坐“副驾驶”、家长不宜抱着孩子乘车、不宜让孩子在车里做游戏、不宜让孩子头部探出天窗。

有关部门验证，时速50公里的汽车正面碰撞时，体重20公斤的儿童在没采取任何防护措施的情况下，自身冲击力超过1吨；而时速达到70公里时，其冲击力可高达3吨，因此安装安全座椅很重要。

机动车安装使用儿童座椅是保护儿童乘车安全的一项有效措施。专家建议，3 岁以下的婴幼儿乘车时应该被安置在后向式座椅里；超过 4 岁或体重超过 18 公斤的儿童，应乘坐面朝前方、座位加高的安全座椅，并以安全带固定身体的方式乘车。

副驾驶座位的安全带是为成人使用而设计的，即使装配有安全气囊，由于儿童肌肉骨骼较成年人脆弱得多，一旦汽车安全气囊张开，其产生的冲击力也有可能造成儿童胸部骨折、窒息或颈椎骨折等。

怎么避免被电梯“咬”伤

等电梯时别倚靠电梯门

专家意见：万一电梯出现故障，轿厢没有下来而门却自动打开，倚在门上就很容易跌进井道里去。

正确做法：等电梯的时候应该离门远一点比较好，门打开了也不要着急进去，先看一下轿厢有没有跟着下来。

不要反方向乘坐电动扶梯

专家意见：很多调皮的小男孩会在扶梯上倒着乘梯，其实这样很容易摔倒造成事故。

正确做法：乘扶梯的时候，脸一定要朝向扶梯运动的方向。

电梯关闭时不要挡门、扒门

专家意见：如果在用手挡门时，电梯门恰好出现了故障，有可能把人夹住，然后轿厢往上或者往下运动的时候，可能会造成严重的伤害甚至致死事故。

正确做法：等待和乘坐电梯时，不要将手放在门板及各种缝隙处，防止门板开启、关闭时挤伤手指。即使在等候他人时，也勿用手或身体挡门，应该进入电梯之后，按着开门按钮等人。

不要把尖锐物插入扶梯缝隙中

专家意见：像伞的尖头如果直接放在梯级上，有可能落进梯级之间或者梯级和梳齿板之间的缝隙，导致电梯突然停机，电梯上的行人会因为惯性向前摔倒。

正确做法：在步入扶手电梯时，一定要大步跨过梳齿板，步入阶梯中央位置，否则容易发生刮擦，导致意外发生。过长的裙子、丝巾、裤子以及柔软的鞋子(比如某些凉鞋、橡胶套木底鞋、“洞洞鞋”等)，在乘梯前要整理好，确保不被梳齿板卷入。

不要去触碰围裙板和毛刷

专家意见：自动扶梯的围裙板和扶梯的梯级之间本来就有很小的缝隙，如果大家反复去踢围裙板，这个缝隙会变大，就有可能会夹到脚，鞋子就很有可能被卷进这条缝隙里。

正确做法：带孩子乘坐自动扶梯，要确保孩子的双脚一直站在黄框内，并牵住孩子的手。

六招预防孩子被性侵

1. 不要将孩子随便交给熟人，并带离自己可控的范围。

2. 一个可靠的女性监护人背后有没有不可靠的人？如一母亲将女儿交给自己的闺蜜照料一周，闺蜜人品可靠，善待孩子，但闺蜜的私人生活比较混乱，女童在闺蜜家居住时，碰到了闺蜜的同居男友。男友借口带女孩出去买炸鸡腿，在车上性侵女童。

3. 建立家庭中的性安全界限。未成年人被性侵，熟人、直接、间接监护人居多数。爷爷、外公、伯伯、爸爸、叔叔等这些角色，在照顾女童时，洗澡、便溺这些私隐行为，需要避嫌和隔开距离。

4. 留意与少儿接触密切的工作人员。许多幼儿园中园长、老师的亲属，常常会在幼儿园中帮忙从事保安、厨师甚至生活老师的工作，有大量机会单独接近幼儿。是属于发生性侵害的高危环境。

5. 混杂居住的家庭中的青春期男性、独居男性、行为异常的女性，家长亦应该高度留意，不应让孩子与其独处。

6. 性侵受害人不仅仅是女童，男童也可能被侵害。家长在照顾幼童时，也不要以为自己家是男孩子就掉以轻心。当孩子行为异常，变得暴躁、畏缩或富有攻击性，不爱洗澡、故意弄脏自己，频繁提及或隐藏身体隐私部位时，要格外注意。

暑期严防5种伤害

暑假中，随着孩子们在外玩耍的时间增多，他们发生意外伤害的几率也随之增加。据美国 ABC 新闻网报道，发表在《儿科》杂志上的文章指出，全球有 1/3 的儿童死亡是由于意外伤害，尤其 5 种伤害家长要格外提高警惕。

溺水排在意外伤害的首位。夏天是孩子们最爱游泳的时候，1 ~ 4 岁儿童的意外死亡中有 30%是溺水导致的。制止溺水悲剧发生最有效的方法就是,不让孩子在没人照看的情况下独自下水。即使有大人陪着，家长也应该准备好救生衣。此外，专家建议，有必要给孩子们上正规的游泳课，而且要确保水中授课时家长一直跟在身旁。

烧伤排名第二。孩子们肚子饿了有可能会自己偷偷下厨，对此，保护孩子的最好方法是给家里安装烟雾报警器。还可以在炉灶边设置一些障碍，比如锁上煤气柜等，以防孩子因为好奇而碰到不该接触的地方。家长还应该密切留意户外活动潜在的危险，比如一直很受孩子们喜爱的篝火晚会和野炊烧烤。另外，建议家长和孩子玩一次火灾逃生演习，这或许可以在关键时候救孩子一命。

摔落是排名第三的常见伤害。对小孩子来说，他们很有可能从桌子上跌落；对于大一些的孩子，摔伤的危险主要来自暑假运动和骑自行车。全球超过4%的儿童死于跌落，另外平均每年还有280万孩子摔伤。其中每年有高达2.6万的幼儿和青少年从自行车上摔下，造成脑外伤。专家建议的解决方法包括：安装护栏和楼梯门栏；大点的孩子要让他们习惯运动时戴防护设备，如骑自行车时要戴头盔等。

道路交通伤害排名第四。暑假带孩子出去玩，哪怕只是去杂货店买零食都要在车里给孩子准备适合他们年龄的安全座椅。13岁以下的孩子最好坐在后排，因为前排的安全气囊可能伤害孩子身体；车内最安全的位置是后排中间的座位；乘车就要系上安全带，安全带可减少45%的撞车事故死亡率。

中毒也是不可忽视的。生活中有很多我们意想不到的毒素，比如化妆品、家用清洁剂、药物里都含有的香茅油。每天有超过300个孩子在家和有毒物质接触，其中会导致2人死亡。因此，家长们不可大意，要把化学用品移出孩子们的视线，放到他们能接触到的范围之外。

教给孩子安全常识

独处　遇到陌生人来访，千万不能先开门，再问来人是谁。孩子们应做到——1. 先不要开门，并检查门是否锁好。2. 问来人是谁，来找谁，有什么事。3. 如果有人以推销员、修理工等身份要求开门，可以说明家中不需要这些服务，请其离开。4. 无论来人是否说认识你的家人，只要你并不认识来人，千万不要告诉他任何事情，更不可让他进来。告诉来人有什么事可以留言。5. 遇到陌生人不肯离去，坚持要进入室内的情况，可以声称要打电话报警，或者到阳台、窗口高声呼喊，向邻居、行人求援，以震慑迫使其离去。

有陌生人打来电话问父母的情况，应做到——1. 首先问来电话的人是谁，有什么事。如果你并不认识来话的人，请不要告诉他任何事情。2. 如果来话人要你父母的电话、寻呼机、手机号码，请不要告诉他，你可以请来话人留下姓名、单位、电话及留言。3. 对于陌生人打来的电话，你最好不要让对方知道只有你一人在家。

上网　1. 不要把姓名、住址、电话号码等与自己身份有关的信息资料作为公开信息，提供给闲聊人员或发布在公告栏等；2. 没有征得家长或监护人的同意，不要轻易向别人提供自己的照片；3. 当有人无偿赠给钱物、礼品时，不要轻易接受。当有人以赠送钱物为由要求你去约会或提出登门拜访时，应高度警惕，最好婉言拒绝；4. 一旦发现令你感到不安的信息，应立即告诉你的父母或监护人；5. 千万不要在父母或监护人不知道的情况下安排与别人进行面对面的约会，即使父母或监护人同意你去约会，约会地点也一定要选在公共场合，且最好要有家长或监护人陪同。

校园暴力　1. 尽量不与校园小霸王们发生正面冲突，惹不起可以先躲开；2. 如果对方过于强大，可以先把钱物给他们，然后报告老师和家长；3. 在劫持者经常出没的地带，可请警察出面干预；4. 上下学时最好找同学结伴一起走。

外出　1. 尽可能结伴而行；2. 单独外出要走灯光明亮的大道，不抄近道走小路；3. 不搭乘陌生人的顺路车；4. 乘地铁时，和其他乘客坐在一起，尽可能坐在靠近站台出口的车厢，坐靠近车门的位置；5. 乘公共汽车，尽量靠近司机或者售票员；6. 横穿地下过道时，谨防抢劫者在地道两头围截，要结伴行走或跟随大人一起走；7. 要尽量避免在无人的汽车站等车，这样容易成为坏人袭击的目标。

被人跟踪　1. 当发现有人一直跟着你时，不用害怕，可以尽快到繁华热闹的街道、商场等地方，想办法摆脱尾随者；2. 向路上大的机关单位求救，如去机关单位的值班室，或向身边的大人求救；如果是在校门口，就给家里打电话，让大人来接。

给孩子上一堂安全课

低年级的小学生在放学后，往往会由家长接回家，但如果遇到接你的人你不认识，或是你认识但爸爸妈妈并没有事先告诉你放学后让这个人把你接走，遇到这种情况小朋友们应该怎么办？

1. 家长要告诉孩子，任何人，甚至是警察，在未得到爸爸妈妈允许的情况下，都不能将他（她）带走。

2. 不和陌生人说话，不吃陌生人的东西，不跟陌生人走。

3. 孩子应明白，知道自己名字的并不都是熟人，对于知道自己的名字却并不认识的人，应该有必要的警惕。

4. 对主动给自己糖果和玩具的人，不要接受，要迅速离开。

5. 对任何带自己去游乐园等好玩的地方的提议，应当拒绝，并迅速离开。

6. 对任何请求帮助的成年人都要警惕。因为大人有事需要找人帮忙应该找大人，不应该向孩子求援。

此外，大人不要在孩子的衣物外边绣上孩子的名字。这容易为骗子提供方便。对于大一些的孩子，家长们要告诉孩子，离家外出一定要告诉父母，得到父母的同意后才能单独行动。最好保持与父母的电话联系。给孩子讲相关案例，和孩子共同讨论对策。

防范孩子暑假上网成瘾

一项由全球知名的互联网公司 IAC 和广告公司智威汤逊联合进行的调查分析报告指出，42% 的中国青少年网民承认他们上网成瘾。相比之下，美国青少年网民的这个比例不过 18%。对此，国内信息安全领域管理专家孙彤认为，原因是多方面的，其中最主要的是青少年所处的家庭成长环境。

中国家长对电脑和互联网的了解相对较少，加之工作繁忙，无暇顾及孩子的课余生活，所以对网络伤害子女的概念比较模糊。当他们发现问题时常会习惯性地使用传统的教育方法，使具有反叛心理的青少年难以接受。在孩子不接受家长对自己网络监护的情况下，家长只好把保护孩子的希望交给社会、学校和治疗专家。但是这样做容易使孩子感到家长不负责任，造成父母与子女间更大的隔阂，使双方认为，“其实你不懂我的心”。

创造和谐、充满爱心、吸引孩子的家庭教育是使子女远离网络伤害的主要途径。“中国戒网第一人”陶宏开就提出：教育孩子要从点滴入手，从情感入手，让孩子理解父母的苦心和对自己的责任，而不是纵容、溺爱他们，更不能打骂。只要父母和孩子多沟通，多交流，孩子就能理解父母，就会接受父母的教导和劝诫。另外，学习并实践新的家庭教育理论、工具和方法，也是网络时代家长自我成长的好方法。

孙彤建议：家长应正确引导，加强与孩子交流，教育孩子合理健康地使用网络。比如父母可以教孩子在网上不要将自己的私人信息随便透露给陌生人，尤其是在聊天室或BBS上。如果家庭在网上建有网站，则提醒孩子别在照片旁附上自己的住处、学校及电话号码。

另外，家长可帮助孩子合理安排好假期的学习和生活日程表；培养孩子多方面的兴趣爱好，转移他们对网络的注意力；多让孩子与同学保持交往，但要防止孩子与网瘾少年来往；支持孩子多参加社会实践；而且，家长还可以安装家庭绿网软件等防范工具，有效地屏蔽不良内容，合理控制孩子的上网时间。

让孩子安全上网

如何在网络信息泛滥的时代让孩子趋利避害，在自由宽松的环境中健康成长？不少有识之士在认真思考。以下四种方法对父母和老师有一定的参考价值。其内容如下：

一、提醒孩子上网要有社会责任心，不要给别人添麻烦。在网络上与人交流时，要充分注意自己发送的内容，不要有失礼的语言。

二、严格控制孩子的网上信件。父母最好掌握孩子电子信箱的密码，并经常帮助孩子更换密码。另外，要提醒孩子养成按时回信等好习惯。

三、提醒孩子在上网者中有少数坏人。要求孩子不要擅自上网，不要看儿童不宜的内容，要注意保护自己的隐私，接到不明邮件时不要打开。在网上遇到麻烦，不要自己去解决，要告诉父母和老师，或者直接报警。

四、父母最好和孩子一起上网。父母要与孩子商量，在孩子同意的基础上规定上网时间，以免孩子沉迷于网络。

家长看电视　孩子受影响

家长开着电视做事情，孩子在一旁玩耍，这是家庭生活中常见的一幕。然而，最新研究发现，只要电视机处于打开状态，无论是否播放儿童节目，都会导致婴幼儿注意力分散，影响他们认知能力和行为能力的发育。这项研究由施密特等学者在美国马萨诸塞大学实验室进行，研究报告发表在《儿童发展》杂志上。

结合过去研究成果，报告对此给出几种解释。首先，电视上快速转换的图像会影响孩子大脑发育。其次，即使不看屏幕，电视传出的声音也会导致孩子注意力分散，为孩子认知能力发展带来不利影响。另外，由于孩子认知能力有限，注意力一旦分散，需要花费很大努力才能重新集中。施密特说，电视对大多数婴幼儿是“潜在危险环境因素”，因此“家长要限制婴幼儿接触电视时间”。

如何跟孩子讲述死亡

四川汶川大地震，让一些年幼的孩子无可避免地接触到灾难和死亡，并对死亡充满问题，或好奇、或害怕。有些家长对此感到为难和困惑，担心说得太严重会造成孩子的心理阴影和恐惧，但说得不到位孩子又会刨根问底、继续追问，因此不知道如何跟孩子解释死亡。深圳市精神卫生中心副主任胡赤怡说，针对不同年龄的孩子的心理特征，家长要选择不同的方式进行死亡和生命教育，不用太严肃，也不用讲得太恐惧。

对于婴幼儿（0～3岁），最好的方式是告诉他“这个人不见了”。因为这个年龄段的孩子很难明白什么是死亡，这时，父母可以用打比方的方式对孩子说，发生了很多很多的事情，有些人在这些事情中“不见了”，不再回到家里来，以后也就见不到他了。

对于幼儿园的孩子（4～6岁），家长可以说“这个人坏了，没法恢复了”。比如，家长可以根据孩子的发育状况，告诉孩子，这是地震把房子震倒了，房子很重，人被房子压得不能动弹，然后就病得很厉害，最后救不活了。

对于小学生（7～13岁），可以讲一些具体的死亡概念。因为这个年龄段的孩子多多少少会有一些死亡的概念，家长可以告诉他们，“这个人死了，生命没有了，心脏不跳了，也不呼吸了。”

对于中学生（14～18岁），该年龄段的孩子已经明白什么是死亡。

除了要对孩子进行正确的死亡教育外，胡赤怡提醒家长，更重要的是，不要让孩子总是接触关于灾难和伤害等伤痛的信息。大地震造成生命消逝，同胞罹难，大家都非常关心灾区、灾情和同胞的生命安全，急切地关注事件的最新进展，这是应该的，但在家里，父母最好不要总是接触关于灾难、伤害等信息，一定要让家庭、让孩子有属于自己的生活，如果整天总是处于灾难和死亡的极度悲伤情绪中，对成年人、对孩子都会有影响，尤其会让孩子感觉到很没有安全感，而安全感的丧失对孩子的影响更大，父母需要留意这一点。

当妈妈的十大“玉律”

创造自己的空间：女人在生下孩子之后往往将全身心倾注在孩子的养育上而忘了自己。因此专家建议母亲们别忘了给自己留一片天空，应该出去看看电影、喝喝茶或干点自己喜欢的事情，因为母亲是家里的精神营养，如果自己“营养不良”，就无法贡献更多。

与丈夫保持良好关系：交流、善于理财与和谐性生活是保持良好夫妻关系的关键。

陪伴孩子：父母每天都应该抽出一定时间陪伴孩子，其中母亲的陪伴尤为重要，因为它带给孩子爱、温柔、耐心和负责任的感觉。

允许孩子自立：“好母亲”应该相信孩子的自主决策或至少是参与决策的能力，鼓励他们建立自信心。

以身作则：与孩子互相尊重并且将这一概念融入教育过程中。制定家庭法规但并不拒绝孩子的合理要求，不要求孩子事事完美，在他做对时真心祝贺，做错事时耐心教育但不惩罚。

母乳喂养：这是与孩子进行爱心交流和建立感情的最佳方式。

创造安全的环境：父母应该为孩子创造安全舒适的环境，而不是希望让孩子来适应环境。

照顾自己：好母亲应该懂得照顾自己，防止严重疾病发生。

渴望并计划好做母亲：应该怀着满腔的爱去承担母亲这个责任，当母亲应做好身心准备，并不是具备身体条件和经济基础就行了。

肯定自我价值：女人爱自己并肯定自己的价值，才能够得到别人的尊重和维护自己的权利。

亲子沟通的8做8不做

“今天的功课为什么还没做完？你这种成绩将来怎么找工作？你怎么懒成这样”……这些话是不是很熟悉？当时，你是不是也希望孩子回答些什么，但不幸的是一如以往，孩子冷着一张脸，仿佛没有听到任何一个字。也许你对孩子的大吼大叫只是选错了时间说话。那么，如何与孩子更好地沟通？《孩子与青少年的不讲话疗法》的作者，美国临床心理学家马莎·史翠斯博士指出，沟通不该做的 8 件事和该做的 8 件事，家长们不妨试试看。

父母不该做的 8 件事：1. 和青少年在早上讲话，尤其是当他在想今天其他的活动时或是没睡醒时。2. 直视他的眼睛。3. 禁止青少年摔门、哭泣，或说等你平静下来，我们再继续谈。4. 问一般的问题，如你今天在学校怎么样。5. 话题集中在琐事上。6. 当他在讲困扰时，开他的玩笑。7. 别总是追问他为什么要这么做。8. 对某些事情反复说明自己的看法和观点。

父母应该做的 8 件事：1. 青少年在晚上比较爱讲话，可选择晚上交流。2. 并肩坐着取代面对面。当他们不觉得你在盯着他们时，比较容易打开心房。3. 在活动空当和他们谈。青少年喜欢在打球、坐车、吃东西时，分享他的感觉。4. 让他们发泄。训练自己倾听他们情绪性的字眼，如我很烦等。5. 问特定问题时可以用正面的态度。如“你的老师怎么说你这次的成绩的？”6. 谈大范围的话题，如电视节目、运动、音乐，甚至政治。但话题内容应该正面，有助于了解彼此。7. 用言语赞许他们的想法，如“好主意”、“你今天做了好多事”，如果他需要建议，千万不要只给一个答案。8. 把他们对你的倾诉永记在心里：青少年是敏感、容易受伤害的。要幽默常导致反效果，让他们觉得你认为他们的事没什么大不了。

家长必知的十六条备忘录

1 . 别溺爱我，我很清楚地知道，不应该得到每一样我所要求的东西，我只是在试探你。

2. 别害怕对我保持公正的态度，它反倒让我有安全感。

3. 别让我养成坏习惯，在年幼的此刻，我要依靠你来分辨它。

4. 别让我觉得，我比实际的我还要渺小，它只会让我愚蠢地装出超出我实际年龄的傻模样。

5. 可能的话，请别在人前纠正我的错误，你私下的提醒，会让我更加注意自己的行为。

6. 别让我觉得我犯错误是一种罪，它会降低我的人生价值观。

7. 别告诉我说，我的害怕很傻、很可笑。如果你试着去了解，便会发现它对我是多么的真实。

8. 别过度保护我，怕我无法接受一些“后果”，有的时候，我需要经由痛苦的方式来学习。

9. 别太在意我的小病痛，有时候我只是想得到你的注意。

10. 别唠叨不休，否则有时候我会装聋作哑。

11. 别在仓促或无意中做下允诺。请记住，当你不能信守诺言时，我会是多么的难过。

12. 别忘了我还不能把事情解释得很清楚，虽然有时候我看起来是有能力的，这也是为什么我不能事事正确无误的缘故。

13. 别太指望我的诚实，我很容易因为害怕而撒谎。

14. 请别在管教原则上前后不连贯，不持续，它会使我疑惑，而对你失去信任。

15. 当我问问题的时候，别敷衍我或拒绝我，否则你会发现我将停止对你发问，而向他处寻求答案。

16. 别忘记我最爱做实验。

现代家长必备的素质

威信　家长的威信是家庭教育取得成功的重要条件。而家长威信的建立，必须靠家长正直的品行、模范的行为和对孩子人格的尊重。

信任　心理学研究说明98.9%的孩子不存在智力问题，而是爱学不爱学、会学不会学、勤奋不勤奋的问题。当您的孩子考试成绩不理想时，作为父母一定要相信孩子，相信孩子自己也是很痛苦的，相信孩子也是非常愿意学好的，并相信孩子有能力达到自己所期望的目标。

责任　家长应具备高度的教育责任感，在完成教育子女这项艰巨的长期的任务时，不要借口工作忙、孩子发展潜力不大等原因，忽视家庭教育，甚至放弃教育。

坚持　孩子的良好行为习惯、智力的发展、心理的成熟、性格的完善……所有的一切都是坚持的结果。家长要有足够的耐心等待最后的胜利。

快乐　帮助孩子成为快乐的人，最好的办法就是父母自己生活得快乐。

学习　家长掌握一定的知识是教育好子女的前提。

敢于说不　父母们望子成龙心切，宁愿自己省吃俭用也要为孩子提供最好的生活环境。结果是一方面很容易使孩子养成娇生惯养的习惯，另一方面，在各种要求一再轻易地获得了满足之后，孩子会逐渐提出越来越高的要求，家长要学会适当地拒绝孩子。

能力　家长要有分析和解决问题的能力。作为家长，当发现孩子身上出现这样或那样的问题时，要全面掌握情况，从实际出发，辩证地、客观地分析问题出现的原因，善于因时、因地、因人灵活、冷静地处理问题，切忌急躁、片面、简单粗暴的方法。

宽容　家长对孩子的宽容，首先要建立在孩子做错事之后，已经认识到做错，感到内疚，受到自责的基础上，而且家长应该从表情到语气都要让孩子切实感到，家长对他的错误很痛心、很惋惜，同时也寄希望于他将来能够改正。

孩子眼中的失败家教

总跟别的孩子比　父母的用心可以理解，但也要看到自己孩子的优点并及时给予鼓励，如果过分相互对比，刺激孩子，时间长了孩子就会陷入自卑的深渊。

处处显家长权威　严格要求孩子是对的，但应严中有爱，有时不妨在管束之前看看孩子是否真的累了或有心事，适当宽松、宽容一点，孩子学习的积极性会更高，效果会更好。

对孩子和异性交往过于敏感　对于孩子与同学之间的正常交

往，父母不必那么敏感。应该信任孩子，用平常的态度对待，过多盘问会让孩子无所适从,甚至产生与异性同学交往的心理障碍。

一次没考好就埋怨太多　没考好，父母可以帮着分析一下原因，这时一句宽容、谅解的话真是“贵如金”啊，能给孩子更大的动力，而埋怨只能让孩子对学习失去信心。

任何事都包办　适当的提醒是必要的，但过于唠叨就忽略了孩子的主动性，是对他们能力的低估。

成功家教必说的几句话

“自己来做决定吧”　这么说是为了让孩子了解，他要为自己的行为负责任。举个例子，你可以对你的女儿和她的小伙伴说:“你们来做决定，是想留在这里安静地玩，还是到外面去？”5分钟之后，孩子们依旧大声喧哗，你就可以再告诉他们：“我知道了，看来你们是决定到外面去了。”

“爸爸妈妈爱你，但不喜欢你这样做”　身为父母，总免不了有时候会责备孩子。这个时候，最重要是要将事情本身与做事情的人分开。这样，你的孩子会知道自己做了一件不好的事，但这并不意味着自己是个不好的人。在批评孩子的同时告诉他“妈妈爱你”，这样做也能提醒你自己，批评孩子的目的是帮助他分清对错，而不是处罚他。

“你其实是想说什么？”　有的时候，小孩子会因为生气或者激动而变得情绪失控，他无法说清自己的感受，只是不停地大喊：“我不要你！”、“我讨厌你！”这个时候，就需要你来帮助孩子更好地了解和表达自己的情绪。你还可以给他一些参考答案：“你生气是不是因为小明哥哥泄露了你的秘密？”等你的孩子逐渐学会了解自己的内心感受，那么，即使你不在旁边，他也可以清楚地向周围的人表达自己的感觉了。

“不同的人有不同的需要” “西西有洋娃娃，所以我也要一个。”“小明爸爸让他吃冰激凌，那我也可以吃。”“他可以，所以我也可以。”这是小孩子们最常用来跟你讨价还价的简单逻辑。在这样的情况下，你要让孩子了解：“每个人只有在他真正需要的时候才能得到。”比如，隔壁的小姐姐配了眼镜，并不意味着楼里所有的小孩都可以得到眼镜。

正确应对孩子的“孔雀心态”

根据一项抽样调查显示，现在的独生子女，约有 30%的孩子有爱慕虚荣的“孔雀心态”。孩子一旦出现“孔雀心态”，就喜欢比较、争胜，但又会因为过于孤芳自赏、自高自大而赢得起输不起，受不得一点点委屈。如果家长发现孩子有过强的虚荣心，应正确对待。

赏识有度 孩子总是自己的好，再加上现在提倡赏识教育，所以有的父母特别喜欢在人前拿孩子显摆一下，当着孩子的面给他评功摆好，还与别的孩子攀比，这会无形中助长孩子逞强的毛病；另外，表扬一定要务实、恰如其分，不能过度。

以身作则　家长许多看似不经意的言谈举止，对还在学习、模仿阶段的孩子有直接影响。有些家长自己就有点虚荣，喜欢攀比，却没有觉察到，已经给孩子造成了不良的影响。

正面教育　家长要让孩子了解自己的家境，在孩子面前没必要“打肿脸充胖子”。当孩子跟家境较好的孩子比较时，家长应正面引导。

适当打击　对于那些“不知天高地厚”的孩子，家长应适当打击一下。如下棋时别老让着他，赢他一盘，或者对他提出更高的要求，使他感到自己能力不足，还需要别人的指导和帮助。

纠正孩子的错误做法

任人摆布　有的孩子缺乏主见，很容易被人指使或摆布。此时父母应指导孩子勇于把自己的想法说出来，而不要总是按照别人的方式去行事。

凡事占先　如果孩子表现得很霸道，凡事都要占先时，父母应教会他一些基本的规则，每个人都有权利玩他想玩的玩具，不能独享而是应学会分享。

利益交换　如果孩子喜欢用交换利益的方式去得到他想要的东西，父母应及时纠正孩子的做法。告诉孩子，友谊不是简单的利益交换，而是一种健康的给予和获得。

捉弄他人　当父母发现孩子有取笑、捉弄他人的行为时，可以通过故事或影视片，帮助孩子体会自己遭遇取笑或捉弄时的感受。

教子女学会四个“不”

1. 不“独”：物质上有好东西大家一起吃、一起看、一起玩，精神上哪怕是妈妈讲的一个故事，都可以鼓励孩子讲给别人听，也鼓励别人讲给自己听。从一点一滴入手，培养孩子乐于与人分享的意识和习惯。

2. 不“横”：告诉孩子与人相处不能斤斤计较。如果别人犯了错误，要善于原谅。当然，真正要想让孩子具有宽容的心胸，父母在生活中要以身作则。

3. 不“讥”：有些孩子一遭到别人的讥讽，要么是反唇相讥，要么嫉恨在心。这样的孩子肯定是不会有良好的人际关系的。相反，若能乐观看待学习生活中一些不如意的事情，能以宽容的心态对待别人的嘲笑，最终会赢得更多的朋友。

4. 不违背原则：坚持原则的有力武器是敢于拒绝。首先教会孩子哪些事情要拒绝：违背原则的事情，要拒绝；自己不愿干且无意义的事情，要拒绝；仅仅为了维护友情，对自己有害的事情，要拒绝。一切违背了做人原则的事情都坚决不做。

问题家长种种

1. 不能主动和孩子沟通的父母，他们在平时可能也不主动和邻居、同事、朋友沟通，而是习惯于被动地等别人先开口。

2. 总是指责孩子“都怪你”的父母，他们在平时和人产生矛盾，内心里也是都把责任推到对方身上。

3. 总对孩子说“你不行”的家长，生活里往往也不善于发现别人的优点。他们有完美主义倾向，事事求完美。

4. 不尊重孩子选择的家长，他们平时也不大尊重同事和朋友的意见，表现出僵化的思维倾向。

5. 不重视孩子精神生活的家长，他们平时可能也没有丰富的精神生活。

6. 不信任自己孩子的家长，总想监视孩子一举一动的家长，平时也不大相信别人。

7. 从不向孩子道歉的父母，他们在社会上做错了事也从不向别人道歉。

8. 对于孩子早恋过于在意的父母，往往自己就不擅长处理男女关系。

9. 在家里规矩很多的家长，往往在外面也是如此。

10. 经常骂孩子的家长，在工作中也会经常骂人，不考虑别人的感受。

教育孩子应注意的几个细节

1. 赏识孩子应该发自内心；2. 赏识孩子的努力而不是聪明；3. 及时赞扬孩子的成就；4. 善于发现孩子的努力；5. 通过别人赏识孩子；6. 在错误中发现孩子的优点；7. 重视孩子的每一个问题；8. 欣赏孩子的新奇发现和淘气；9. 赏识孩子的大胆怀疑和每一个进步；10. 在别人面前赞扬孩子；11. 要赞扬，更要激励；12. 鼓励孩子大胆尝试、严格自律、自己动手、自己解决问题、克服紧张、自我激励、勇敢表达、与人交往；13. 激励孩子战胜失败；14. 尊重孩子的意愿、想法、游戏、理想、朋友、隐私；15. 信任你的孩子；16. 给孩子倾诉的机会；17. 让孩子自己决定；18. 主动向孩子学习；19. 主动向孩子道歉。

巧妙化解孩子的顶嘴

心理医生认为 12 ~ 16 岁是孩子的“心理断乳期”，随着接触范围的扩大，知识面的增加，他们的内心世界丰富了，对事物有了独立的见解，极易对父母产生“逆反心理”，他们认为自己已经长大了，对社会、对人生有着与父母不同的看法，不要父母处处管自己，于是与父母时时顶嘴，事事抬扛。

对孩子的顶嘴，家长要注意教育方式，化解之道先要从家长自身做起。

1. 不要随便责备孩子或用抱怨的语气交谈。常常不讲方式、场合地批评孩子，是不少父母的通病。有些批评十分尖锐，却不完全正确，伤孩子的自尊心，渐渐引起了孩子内心的埋怨、愤恨，甚至记仇。所以批评孩子首先要弄清缘由，不要乱批评，场合宜单独相处，方式是和颜悦色、和声细语地分析，要循循善诱，使孩子心甘情愿接受，不说贬低赌气发狠的话语，对于孩子的困难和挫折，要真心同情帮助。

2. 尊重其自尊心。对有问题的孩子，可以用启发引导方式，不摆家长的架子，只有自尊自爱的人才会奋发向上，成为有作为的人。再者，爱顶嘴的孩子往往很有见识、内涵和智谋，只要正确引导，他们会早日成为同龄人中的成功者。

3. 多让孩子申辩，家长耐心谛听。对顶嘴的孩子不要谩骂，不要体罚，要在家庭中发扬民主，鼓励孩子申辩，这可使孩子觉得无论做什么，只有“有理”才可以站稳脚跟，这对发展孩子的个性发展极为有利。孩子有时会狡辩，这时你可以正确引导，与孩子充分摆事实、讲道理、明利害，这是一种锻炼，可使孩子学会从各种困境和挫折中摆脱出来。

教育孩子这些态度不可取

表扬过多　太多的表扬会给孩子造成许多束缚与负担，当达不到父母的期望时，孩子很容易产生挫折、内疚感。如父母总夸孩子“太聪明了”，当考试成绩不理想时，孩子就会产生深深的自责与沮丧，自尊心与自信心受到沉重的打击。因此，父母最好就某件具体的事情表扬孩子，如“你今天的作业写得很好！”

提问过多　由于迫切希望更多地了解孩子，许多父母往往一等孩子放学就问个不停，“今天老师有没有提问你？”、“数学考得怎么样？”、“都和谁一起玩了？”……太多的问题只能引起孩子的反感与抵触，落个“讨厌鬼”的名声。有效的做法是进入孩子的世界，更多地和他们一起游戏、聊天，在不经意中，你就会发现孩子的许多秘密。

命令过多　“写作业去！”、“把电视关了！”……过于频繁的命令容易使孩子“充耳不闻”，当孩子经常对这样的命令无动于衷时，父母就应该考虑一下自己在孩子眼里的信誉了。

否认感觉　这是许多父母很容易犯的一个错误。当孩子说“妈妈，我怕，打针很疼”时，父母经常会安慰说：“宝贝，没关系，不疼的。”这样只会使孩子感到委屈与恐惧。较明智的做法应该是：“宝贝，妈妈知道，打针是疼，可是打完针后病才能好。”意识到自己得到理解后，孩子的感觉会好些。

孩子逆反别强压

叛逆是一种极端的逆反心理。有了这种心理的孩子，经受不了批评、挫折和压力。本能地任性胡来、我行我素，根本就不辨是非、不识好歹，只要有悖自己的意识，就要对抗，这就是叛逆性格的行为逻辑。一般而言，青春叛逆是青少年生命周期发展的必经阶段。

对叛逆的孩子，不主张使用强压的做法。这种做法，虽然能显示家长的威风，可却会在孩子的心里造成更大的叛逆。

家长遇到叛逆的孩子，首先要冷静地思考孩子叛逆的原因，在了解其原因的基础上，再找解决的对策。

叛逆的孩子在自己的心里都有一个价值观，他会按照自己的观点看待问题。家长对孩子的错误不要正面指出，老辈人的“当面教子”在这绝对不适用。找出为什么，再采取迂回战术。这就像对付洪水，宜疏不宜堵。

其次，对叛逆期的孩子一定要加倍地关心，还要尊重。尽管他已经长得比你还高，可他还是很幼稚。在心理上，你把他视为大人，在生活上，一定要像对待孩子一样来关心他、爱护他，并且要给予他一定的空间，让他自由地生长。

家长应做10道寒假作业

1. 买本教育类书籍，了解教育改革的大背景和现状。

2. 和孩子一起学习课改新内容，了解学生周围发生的重大教育变革。

3. 和孩子一起去人才交流中心，看看别人怎么找工作，感受一下竞争的气氛，让自己和孩子都对目前的就业形势有感性的了解。

（以上三条因人而异,比如第三条,只适用于高中以上的学生）

4. 全家人一起做一顿饭。无论是简单的晚餐，还是隆重的年夜饭，只要让孩子参与，让孩子亲身感受一下日常为柴米油盐忙碌的辛苦，同时增进亲子感情。

5. 趁着春节做一回“孝子贤孙”。寒假里抽空带孩子一起为祖辈做一件事，尽一回孝道。身教胜于言传，你如何对待你的父母公婆，孩子将来长大也会效仿。

6. 带着孩子拜访一个邻居。让孩子学会和周围的人交朋友，建立良好的邻里关系。

7. 和孩子一起到社区做一次义工或者到社区参加一次社会实践活动。帮助有困难的人。在亲子活动的过程中，孩子增长了见识，家长也看到了孩子能力的成长。

8. 带孩子去听一场音乐会或看一次画展，提高孩子的艺术欣赏能力的同时，自己也从忙碌的工作中得到放松。

9. 与孩子一同上网，了解孩子平时上网干什么。

10. 让孩子挑一个他感兴趣的地方，带他一起去瞧瞧，你们一定会有意想不到的收获。

孩子闹情绪　父母巧应对

一、理解、接纳孩子的情绪　如果孩子出现情绪反应，父母要先用同理心和倾听的技巧，接纳孩子的情绪。当孩子知道你愿意理解他的感受时，就会慢慢将心情沉淀下来。不过，理解孩子的情绪，并不代表同意孩子的行为。要让孩子明白：所有的感觉都是可以被接纳的，但是不当的行为必须被规范。

二、协助孩子觉察、表达情绪，并厘清原因　接下来，父母要像一面情绪镜子，运用言语反映孩子的真实感受，协助孩子觉察、认清自己的情绪，例如："看你哭得这么伤心，一定很难过，对不对？"回应孩子的感受，可以让孩子明了自己的感觉。之后，继续用开放性的提问方式，例如："今天是不是发生什么事了？"协助孩子正确表达情绪，厘清情绪背后的原因。只有找到情绪反应的真正原因，掌握孩子的心理需求，才能对症下药。

三、引导孩子调整认知，思考解决方案　等孩子情绪缓和下来，引导他调整认知，从另一种角度看待引起他困扰的事情，例如："玩具被同学不小心弄坏了，你觉得很生气。但是你打人没办法让玩具恢复原状。我们一起想想看有没有更好的方法。”

最后，要提醒家长的是，培养情绪力是一个持续进行的过程，只要父母投入时间和耐心，运用技巧和练习，就能调好孩子的情绪体质，让孩子做自己情绪的主人。

爸爸影响孩子的性格

湖南卫视的《爸爸去哪儿》引发高收视，节目中5位爸爸的教育方式各异。教育专家林怡说，父亲的教育方式对孩子的性格有非常大的影响。

林志颖：榜样型爸爸

要适当放手

很多小孩从小把爸爸当成自己的榜样，林志颖的孩子就是这种类型。林志颖不但是影视歌红星，还是知名赛车手，儿子的书包和箱子都是汽车形状。林志颖无疑是个非常细心的爸爸，他不但会用报纸和剩米饭糊窗户，还会将恐怖的蜘蛛形容为特别的玩具。

对于这种榜样型爸爸，林怡认为，很多事情他都替代孩子去做了，孩子没有主动去思考和实践的机会，所以儿子依赖性很强。爸爸的经历没办法代替孩子的经历，孩子只有亲身经历了，才能成长。

郭涛：同伴型爸爸

多让孩子关注自我

郭涛更多的时候是以哥们儿的关系去面对儿子。这种同伴式的父子关系给了孩子很多自主权和平等的感觉，让孩子自己去处理自己的事情，这样的教育使孩子更有男子气概。但这样往往会忽视孩子内心的感受，这样的爸爸应该多给孩子一些表达自己内心情绪的机会，在培养男子气概的同时让孩子关注自我的需要。

田亮：束手无策型爸爸

别做甩手掌柜

在女儿不停哭闹的时候，田亮只会一直说“你别哭了好吗？”却一点效果都没有。而女儿在离开他之后，却变得非常独立和会照顾人。田亮这种束手无策可能是跟孩子相处比较少，不了解孩子喜好造成的。爸爸要多分给孩子一些时间，在对待孩子的教育上，爸爸不能做甩手掌柜。

王岳伦：放养型爸爸

要抓大放小

王岳伦不会干涉女儿的行动，却处处询问孩子的意见，而女儿也很有自己的主见。其实这种顺其自然、按照孩子本身的性格发展也是一种挺好的方式。不过多地干预孩子的性格，孩子也会因此获得很多独立处理问题的机会，获得自己的经验。爸爸在这种时候担任宏观的把握角色，给孩子把关并给一些合理的建议，这种抓大放小是爸爸们需要学习的。

张亮：迁就型爸爸

要坚持原则

模特张亮绝对是一个迁就型的爸爸，他对儿子的执拗完全没有办法，也没有脾气，只会温和地劝说。当儿子不想上缴玩具时，他甚至偷偷跟儿子说，没事，爸爸的手机给你玩。

父亲没有用强迫的方式达到自己的目的，可以保护孩子的尊严。但爸爸也要把握好度，需要有自己的原则。在孩子犯错时，父亲必须告诉孩子哪些可以做，哪些不可以做，帮助孩子树立是非观。

你是高素质家长吗

有些家长总是说孩子这不好那不好，殊不知许多问题都是家长造成的。

一、家长的过分要强、虚荣心过高会给孩子提出过高的要求，让孩子的身心承受超负荷的压力，最终导致孩子这样那样的心理障碍甚至疾病。

二、家长的过分挑剔、完美主义造成孩子许多心理障碍。家长对孩子写作业要求甚多，孩子写一笔要反复描，擦了写，写了擦，结果动作拖拉，有时考试都写不完，严重的还会造成强迫行为。

三、家长的紧张焦虑情绪会传给孩子。有的孩子从小体弱多病，家长非常担忧，经常烦躁不安、絮絮叨叨。对孩子过分关注，结果孩子变得敏感多疑、自卑、退缩、神经质。

四、家长对孩子总是指责、批评、否定，让孩子失去信心。有个6岁的孩子经常发脾气，做事没耐性，问他为什么会这样，他说妈妈总是责骂他什么都做不好，从没有表扬，所以想发脾气。

高素质的孩子出自高素质的父母之手，“问题孩子”都是“问题家长”的产物。

一位聪明妈妈对儿子的约定
——iPhone的“18禁”

美国妈妈Janelle Burley Hofman在给13岁的儿子Gregory送上圣诞礼物iPhone5的同时，开列了一份包含18项规定的iPhone“使用守则”。以下是这份“18禁”的具体内容——

1. 这是我的手机。这是我买的，我付的钱。我现在把它先借给你，我是不是很伟大？

2. 进入手机的密码必须让我知道。

3. 来电话的时候要接，礼貌地说“你好”。如果是妈妈或者爸爸的来电，不可以拒接或忽略！

4. 周一至周五在晚上 7 ： 30 之前要把手机交给妈妈或者爸爸，周末可以延迟到晚上 9 点。晚上我们会关掉这台手机，并且到第二天的早晨 7 ： 30 再开。打电话给其他固定电话，有家长先接的时候要有礼貌，就像尊敬我们一样尊敬他们。不要因为对方的家庭电话会先有家长接听就不打过去，而选择给对方发消息。

5. 手机不能带去学校。如果你和学校里的朋友发过消息，那么平常也要保证和他们当面的对话交流，这是基本的生活技能。（上学仅半天、校外的参观学习或课外活动等情况可另外考虑）

6. 如果手机掉进了厕所、在地上摔坏抑或丢失，你需要承担更换或维修的费用。锄草、照看婴儿以及把生日拿到的钱存起来，这些都可以挣到钱，你应当提前为此做好准备。

7. 不要用 iPhone 和任何相关的内容欺骗、愚弄其他人。谈话中不要中伤你的朋友，在使用这款手机通话之前必须首先确保你是个称职的朋友。

8. 对于那些你无法当面说出口的话，请不要选择发消息、邮件或其他通过这款手机传递信息的方式代替。

9. 时刻注意，那些不能当着对方父母的面大声说出来的事，不要通过手机发消息、邮件等形式来传递。

10. 仅搜索查看那些可以与我一起看的内容。如果对此你有什么问题，可以选择问其他人，最好是我或者你的父亲。

11. 公共场合请关闭手机，或是静音以及收起来。尤其是在餐厅、电影院以及和其他人交谈的时候。你是个有礼貌的孩子，不要因为你的 iPhone 让别人改变了对你的看法。

12. 不要发送或接收你私处或者其他人私处的图片。（不要笑）未来你可能会经受不住诱惑做出这样的事。这样做很不好，并且会毁了你中学大学乃至未来的生活。互联网很庞大，远比你想的复杂，里面有很多不好的东西是我们不该去接触的。

13. 不要无节制地拍照、拍视频。没有必要把生活中的所有东西都用手机记录下来，对我们来说只有记在脑子里才是永恒的。

14. 有的时候出去玩可以选择把手机放在家里，这样你会更有安全感。手机不是你的全部，学着抛开它。不要被手机绑住。我们即便离开了手机一样可以生活得很好。

15. 下载的音乐，不管是新潮还是古典的，都要有你自己的个性，不要流于俗套和其他一群人都听一样的东西。这对扩展你的视野会很有帮助。

16. 可以用 iPhone 常常玩一些拼字、解谜和锻炼大脑的游戏。

17. 保持冷静，时常留意你周围发生的事，看看窗外、听听鸟叫、出去散散步。和路上的行人说说话，不要总是用手机搜索。

18. 当你因为这部手机感到迷茫的时候，我会暂时收回手机，然后我们一起坐下来谈谈。我们再从头开始，我和你都还在学习的过程中，我和你是一起的，记住！

父母要做到九不要

1. 不要过分关心孩子。否则孩子会过度以自我为中心，认为人人都应该尊重他，结果成为自高自大的人。

2. 不要贿赂孩子。要让孩子从小知道权利与义务的关系，不尽义务不能享受权利。

3. 不要太亲近孩子。应该鼓励孩子与同年龄人一起生活、学习、玩耍，这样才能学会与人相处的方法。

4. 不要勉强孩子做一些不能胜任的事情。孩子的自信心多半是由做事成功而来，强迫他们做力所不能及的事情，只会打击他们的自信心。

5. 不要对孩子太严厉、苛求甚至打骂。这样会使孩子养成自卑、胆怯、逃避等不健康心理，或导致反抗、残暴、说谎、离家出走等异常行为。

6. 不要欺骗和无谓地恐吓孩子。吓唬孩子会丧失父母在孩子心目中的权威性。

7. 不要在小伙伴面前当众批评或嘲笑孩子，以免挫伤孩子的自尊心。

8. 不要过分夸奖孩子。孩子做事取得了成绩，略表赞许即可，过分夸奖会使孩子产生沽名钓誉的不良心理。

9. 不要对孩子喜怒无常。喜怒无常会使孩子敏感多疑，情绪不稳，胆小畏缩。

父母给孩子的礼物

爱：每个孩子都需要爱。许多孩子对爱的需要远胜于对一两件玩具礼物的需要。

纪律：孩子健康成长的道路上，需要你提供一些做人处世的规矩，以让他懂得凡事不能为所欲为，以及自我约束的重要性。

以身作则：你传递给孩子最重要的信息往往不是用语言方式来表达的。在孩子的整个成长期，他都会模仿父母的行为，并以父母为楷模。

自尊：儿童的自尊是通过父母对他的尊重培养出来的。体罚是对孩子一种不尊重。尊重意味着你必须将孩子看成是独一无二的“这一个”，允许他发展自己的爱好和追求。

恰当的评价：对孩子的良好行为给予适当称赞是重要的，但假如称赞言过其实，反而会有损于孩子的自我评价。相反，对孩子的过分指责和嘲笑，传达的是这样一种信息：“你没有能力做这件事，必须由我来代替你完成。”这种凡事包办的做法会破坏孩子的成就感。

良好的健康习惯：父母坚持刷牙、健身或注重饮食健康，都是在向你的孩子灌输一种观念：要照顾好自己的身体。

多跟孩子在一起：即使工作再苦再累，你也要让孩子知道他在你心目中始终是第一位的。

幽默感：与你的孩子一起欢笑，能让他看到事物轻松和愉快的一面。不要总是对孩子一本正经，笑声能让我们更加热爱生活。

伙伴关系：从两岁开始，孩子就需要与同龄或略大一点的孩子玩耍。这样孩子能学会妥协、同情和合作，还会发展出一些新技巧、兴趣、责任心等。你所要做的是适时地给他们一些指导。

为何会与孩子无话可说

有的时候家长问十句孩子也不答一句，双方都觉得无话可说；另外父母跟孩子说话一说就顶，或者你说东他说西，沟通完全不在一个频道上。

中国心理学会常务理事刘华山教授指出，出现这种情况主要有以下几种原因：

原因一：是少年期正处于“第二次反抗，第二次以自我为中心”的时期。不愿处处听从父母的指示，而且比较相信自己推论出来的东西，坚持自己认为的就是对的，通常表现得比较执拗。

原因二：两代人有代沟。现在很多家长不懂得网络、短信、流行歌曲、歌星，孩子想从事的职业也是父母所不熟悉的，父母在孩子当中没有权威。

原因三：家长对子女期望过高，不信任子女，对子女的过度照顾又使子女能力很差，使得他们很难站在别人的角度考虑问题；同时，家长对子女的过度教育，又常常导致他们的反抗。

原因四：父母对孩子了解不够，以及父母的沟通技巧不足。现在父母对子女更多的方式是说教、羞辱、恐吓、盘问，父母说话总是说“别人的孩子如何”，“我当学生的时候如何”，其实做家长的也不是事事能做到优秀，可他们却对孩子要求很高，这种心态容易滋生矛盾。

刘华山教授认为，亲子之间的沟通除了满足自己的需要，同时是一种服务、一种责任，父母的言语影响到孩子的自尊和自重，也可以决定孩子的命运。建议在彼此尊重的前提下相互接纳，承认对方意见的合理性，并努力减少冲突，以解决问题为中心，而不是毫无目的的情绪发泄。

别买高级玩具送孩子

买玩具的目的是为了使孩子从玩具中取乐。买而不玩，孩子没有从玩具中获得乐趣，也就没有达到买玩具的目的。

作为家长，首先要把现有的大部分玩具都收起来，只留一件玩具给孩子玩，过一段时间再予以调换，使孩子的兴趣保持一段时间，然后再给予新的刺激，以使孩子养成专注的习惯。

第二，不要专买高级玩具，现在的高级自动玩具，往往一下就能吸引孩子，用不着长时间琢磨如何玩法，如何玩得更好，也就很容易使孩子玩腻，也就导致了以买玩具为乐的现象。因而，应给孩子选择具有原理简单、易于拆装、适合孩子年龄特点的玩具，使孩子每玩一个玩具就能明白一个简单的道理，这样可增强孩子对玩具的兴趣和求知欲，甚至还可以激发孩子的发明创造欲望。

第三，当孩子面对多种玩具难以取舍时，家长应从中选一两件，然后让孩子从中挑选一件，这样可培养孩子的选择能力。

第四，要引导孩子思考如何玩好玩具，并适时地肯定和赞扬，不仅能使孩子玩中取乐，还有利于培养孩子的自信心和思维的主动性。

第五，不要让孩子独玩，而要让其走出家门，与别的孩子共玩，或交换着玩，这样不仅有利于提高孩子的兴趣，还可以使他们体会到共享与分享的乐趣。

做不唠叨的父母

抓大放小　家长应当学会把最主要的精力放在重要的事情上，应当学会照顾孩子的一些最核心的需求，比如孩子的人生态度、未来志向、学习方法等，这样一来，不但家长自己轻松了许多，孩子也会与你更亲近了。

学会等待　孩子的心智和能力发展毕竟不太成熟，一些事情他可能还没有理解。因此，做家长的必须要学会等待，给孩子一定时间去转变。

只说一遍　家长对孩子说事情的时候，一定要突出重点，挑选有分量的话讲一两遍就可以了，不要对孩子反反复复地唠叨个没完，如果你对孩子没有把握，可以再给他解释一下其中的要点。

就事论事　孩子就是在不断地改正错误的过程中成长起来的。对于孩子犯的错误，家长应当就事论事，犯的什么错就说什么错，哪次犯的错就说哪次的错。

父母修养的十个方面

1. 要有育儿理想、信念、决心和信心，但又不要紧张，有一颗平常心就行了。

2. 要有虚心好学的精神，不要自以为是固执己见。

3. 要有合作意识，善于协调家庭成员之间的关系，使家庭和睦团结。

4. 要有活到老学到老的思想，家里要经常买书订报订杂志，并养成天天阅读的习惯，为孩子做榜样。

5. 要热爱生活，有比较广泛的生活情趣，至少有一两人对某些良好的精神生活有爱好，以便提起孩子的兴趣。

6. 最好不要有负面影响大的生活，如过多的人来客往，闹哄哄的不顾影响的闲聊、打牌、喝酒、划拳、抽烟等。

7. 常常在茶余饭后与孩子轻言细语地交谈，常常带孩子外出散步，到大自然中去观察、发现、提问、讨论、搜集标本等。

8. 要有规律地生活，并给孩子一个独立生活的环境和时间，有几个小朋友或一群小朋友常在一起玩。

9. 要有原则性，不允许孩子做的事，说好一开始就不允许，这样孩子就没有痛苦。

10. 孩子的性格形成靠父母和家庭，成人的性格修养靠自己的高认识和意志力。只要你具备理性认识和坚强意志，性格品质是可以大大改善的。

怎样与青春期子女相处

家长如何恰当地与青春期子女相处，请听听英国一名 16 岁少年对家长的 10 条建议。

1. 家长或许会担心子女交友不善，但他们没法替子女决定与哪些人成为朋友。家长唯一能做的便是鼓励子女参加一些较易接触到优秀同龄人的活动。

2. 对 14 岁以上青少年而言，晚上出去玩时难免遭遇酒精。家长没法阻止子女饮酒，顶多在子女醉酒呕吐时帮他们拍照留念而已。

3. 别一个劲对子女唠叨吸毒不好。奖励挺管用：我父母给了我一笔钱，条件是我 18 岁之前不吸烟、不吸毒。

4. 当我们参加聚会时，别老用电话或短信查问我们行踪，也别非得问清楚我们会在几点几分动身回家。

5. 把青少年性教育留给专家。现在每所学校都开设了相关课程。

6. 如果子女带异性朋友回家，别发表评论。这事不劳家长费心。

7. 不要试图让子女实现你未能实现的梦想、替你过上你想要的人生。

8. 不要在公共场所令子女难堪。

9. 记住：你不再是青少年，所以青少年不太可能信任你或像朋友一样跟你说话。

10. 你们叫我们收拾整齐、做好准备等“指令”，我们全听到了。重复即为唠叨。

五个坏习惯，如何扳过来

1. 挖鼻孔　看到孩子挖鼻孔不要说他们“恶心”，因为这会使孩子觉得你不喜欢他，尤其是学龄前的孩子，可能会有过度反应，变本加厉。家长应用就事论事的态度让孩子不要在公共场所做出这种动作。给他们块手绢；注意及时为他们剪指甲；在房间里可以用加湿器，避免鼻子出现不适。如果孩子不合作，可以给他的手指贴个橡皮膏，让他挖鼻孔时感到不顺手，就会停下来。

2. 拉头发　孩子在 5 岁以前往往喜欢用手去拽头发，一旦停下来，就吸吮手指。不要为此惩罚他们。对学龄前孩子的这种行为，家长只要忽视就可以了，当他们不再吸吮手指时，这个动作也会消失。但大些的孩子如果总拔头发就要看医生了。

3. 吮手指　在孩子 4 岁以前，不必刻意去制止他们，即使孩子年龄稍大还没有改，也不要为此责骂他们。家长可以为孩子提供一个安全的环境，让他们做些有益的运动，避免枯燥的生活，比如玩一些需要双手都动起来的游戏。

4. 咬指甲　10 ~ 18 岁的青少年不少都爱咬指甲，这表明他们感到紧张、无聊或正在集中精神做一件事。干燥的、有裂痕的指甲也会吸引人去咬，而且一旦开始，就会形成习惯。不要指责孩子的指甲难看，这只会加重他们的这种行为。家长应该每天对孩子的指甲做护理，涂些滋润乳，修理指甲的边缘，用指甲锉把不平整的地方弄好。

5. 舔嘴唇　舔嘴唇或咬嘴唇是孩子想要滋润干燥开裂嘴唇的表现。当他们感到紧张、焦虑、疲劳时，舔唇动作会明显增加。不要对此过分留意，但要给孩子一些护唇膏。

教子方法六大要素

一、关心和爱抚孩子。多给他们一些微笑，多对他们的所作所为感兴趣。对他们的任何努力和成功都给予赞扬和鼓励。当他们学习或练习的时候，要允许他们犯错误，不要用成年人的标准去要求他们。当他们说“我不行”或“我做不了”时，要鼓励他们试一试再来一次，千万不要为了节省时间或缺乏耐心而半途而废。否则，一旦他们养成了做什么事都半途而废的不良习惯，那么，他们将永远不会体验到成就感，他们的自尊也会逐渐降低。

二、让孩子学会独立、自主。尊重他们的各种需要，尊重他们的兴趣和爱好，鼓励他们表达自己的思想和情感，遇事多跟他们商量，多听他们的意见，允许他们自己做选择和决定。

三、让孩子感到快乐。给他们提供游戏的时间、场所和玩具，对他们的爱好给予鼓励和支持。游戏不仅可以给孩子带来快乐，而且可以使他们在快乐中增强体能，增长知识，提高自尊。

四、正确对待孩子的学习成绩。如果学生经常体验到成功，那么，他的自尊将会提高；相反，如果经常体验失败，那么，他的自尊将会降低。作为学生，这种成败体验主要来源于学习成绩。但是，对于每个学生来说，并不都是学习成绩好、考试分数高，就一定能体验到成功。是体验到成功，还是体验到失败，还取决于学生对考试成绩的态度。因此，父母应该告诉孩子，只要平时上课用心听讲，学习认真、努力，考试成绩比以前进步了，就都应该感到满意。

五、给孩子留面子。父母不要当着别人的面训斥孩子，不要当着别人的面唠叨孩子曾经说过的话或做过的事，使孩子感到难堪。

六、做孩子的朋友。积极参与孩子的业余爱好活动，给孩子买些他们喜欢的书，尽量使孩子的生活有意义和丰富多彩。

单亲家庭教子良方

1．平静地告诉孩子关于父母离异的事实，鼓励孩子勇敢地面对现实。要做到这一点，首先需要和孩子生活在一起的一方平心静气地接受夫妻离异的现实。这样，你才能坦然地面对孩子，告诉他你们将要开始一种新的生活。这种生活和原来相比会有一些不同，你们需要做一些调整来适应；你们还会遇到一些困难，需要你们共同努力去克服；无论出现什么问题，爸爸妈妈都像以前一样爱你，这一点是永远不变的。

2．给孩子安全感，不要把孩子作为报复对方的武器。父母离婚对孩子最大的打击就是失去安全感。所以，让孩子知道，虽然父母离婚了，但他永远不会失去父母对他的爱。

3．单亲家庭中，母子（父子）要在相依中各自独立。单亲家庭中的两代人之间往往在情感上过于亲密，这是一种自然的情感联盟，但过分的情感依赖容易产生负面效应。所以，让孩子和自己都有独立生活的心理意识和能力是单亲家庭最明智的选择。

教孩子学会“原谅别人”

一、创造机会让孩子多接触同龄人，在交往中互相取长补短，提高人际交往能力及社会适应能力，养成良好的性格。

二、当孩子在交往中遇到矛盾和纠纷时，家长可适当给予抚慰，并帮助孩子分析事情发生的原因，找出自己或别人的不对之处，明辨是非后，妥善处理。

三、疏导、转移孩子对矛盾结果的注意力，反思起因，检讨自己的过失，宽容伙伴的缺点与失误行为。

四、告诉孩子对朋友要以诚相待，对其错误要帮助改正。要让孩子知道，原谅他就是给他改正的机会；宽容忍让有利于增进友谊。

五、成人要做孩子的榜样，遇到矛盾或冲突时能宽宏大量，不计较得失，能够高姿态，不怕吃亏，“能饶人处且饶人”，耳濡目染，孩子才能在相应的时候做到原谅别人。

六、教给孩子掌握原谅的标准。分清是非，正确处理所发生的问题，哪些应采取原谅的做法，哪些不可以原谅。

七、必要时，让幼儿体验一下不原谅别人的害处：因为总是与人斤斤计较，毫不容人，小朋友们就会害怕或不喜欢与你做朋友。不会原谅别人，也得不到别人的原谅。

换位思考化解亲子冲突

许多家长反映，一旦和孩子谈话，特别容易发生矛盾。亲子冲突，成为最令现代家庭困惑的问题。当家长与孩子无法沟通时，请不妨换位思考。

1．角色扮演 在心理上扮演孩子的角色，站在孩子的立场去认识问题，体验孩子的感受。比如设身处地想象：“如果我这次考试倒退了十几名，心里非常懊丧……”这样，就会对孩子多一分理解。

2．想象对话 对孩子不理解时可以进行想象对话。比如，父母这边心里说：“孩子真气人，怎么不听话了？”那边想象一下孩子的心里话：“我这么大了，干吗总是不放心？”这样想象中的双向对话，会帮父母对孩子有新认识。

3．迁移感受 父母把自身生活经历中的某些感受迁移到孩子身上来。比如，想想自己工作中遇到失败的心情，有利于体验孩子在类似情境中的心态。

4．回忆往事 经常回忆自己的孩童时代，想想“假如我是孩子……”就不会忘了孩子到底是孩子，就会对孩子有了真正的理解。

5．耐心倾听 在亲子沟通中，父母运用的不是嘴巴，而是耳朵。不要急于发言、急于表态、急于说教，而要倾听再倾听。

6. 书面交流 形式可以是日记、通信或网络等。书面交流常会收到口头交流难以达到的效果。

“赖家”孩子背后的隐忧

现在很多孩子整天蜗居在家中，通过电视、游戏、漫画消磨时间。有关人士指出，这种闭门不出的“赖家孩子”消耗大量的时间上网玩游戏，由于注意力都集中在这些虚幻的东西上，他们没有时间和兴趣主动去接触其他事物，完全封闭在自己的世界中。而最致命的是足不出户使“赖家孩子”欠缺必要的人际交往，语言表达能力得不到充分的锻炼，极易形成孤僻、狭隘、内向的性格。

“赖家孩子”的出现，究其原因，问题还是出在父母身上。不少“赖家孩子”的父母很少抽时间陪伴孩子。缺少亲情关心的孩子，不得不另寻寄托。要想把“赖家孩子”变成阳光少年，家长要注意从这些方面做起：首先是家长要以身作则，不少家长自身存在的好或坏的习惯都潜移默化影响着孩子。还有就是要转移目标，培养孩子的兴趣。可带孩子参加一些社会公益活动，如参加植树活动，到福利院当义工等，激发他们对生活的热情。还可培养孩子一些好的行为习惯，如跑步、上图书馆等，使孩子养成与外界接触、互动的好习惯。

口吃是学出来的

口吃是一种常见的说话流畅性障碍，在 2~6 岁时发生率比较高。一般到了学说话的阶段，约有 5% 的孩子都会经历，而这通常只需数个月就能自然消失，家长不必过于担心。

尽管如此，家长还是应该在孩子出现问题后，仔细寻找原因，并对症“治疗”。通常，孩子说话结巴，多是因为模仿周围人或影视剧中的“口吃”现象引起的。一来，周围人和影视剧中的类似现象，会使正处在学语期的儿童产生极强的好奇感，进而进行下意识的模仿和学习；二来，儿童时期语言功能发育不成熟，所掌握的词汇量有限，不能迅速准确找出可表达自己意思的词汇，因而一些孩子便会在说话时，出现重复、拖长一个字音的现象。

所以，孩子出现口吃，家长应该给他们创造一个宽松的氛围，尽量减轻或消除孩子说话时紧张、焦虑的情绪；避免让孩子在学说话期间接触有口吃情节的影视剧；对于跟周围朋友的接触，家长要随时关注，及时纠正。曾有专家调查指出，90% 以上的成年口吃患者都成因于童年时期对周围口吃人的模仿。

虽说一般的结结巴巴没什么问题，但如果一直持续下去，并发展到一个字半分钟都讲不出来，并有胸闷、气短、嘴唇抽动等不适，那就不属于言语不流畅了，最好到医院就诊。

别硬让宝宝改“毛病”

宝宝尽情地咬，千万别阻拦　1 岁以前的宝宝都喜欢把能够抓到的东西放到嘴里“品尝品尝”，很多大人觉得这很不卫生，通常都要把东西从宝宝嘴边拿掉，甚至还会呵斥“不可以吃，脏”。其实，12 个月以前，宝宝手的触觉不灵敏，舌头却很敏感，因此，他们感知世界的“工具”就是他们的小嘴。他们喜欢把能够抓到的一切东西放到嘴巴里，用舌头去感知这些东西是硬的还是软的，是方的还是圆的。这个时候，大人千万不要强行阻止，否则会打击宝宝认识世界的积极性，甚至会影响宝宝日后的学习能力。正确的做法是，找一些干净、柔软、安全的东西让宝宝尽情地咬，并适当给他（她）点磨牙饼等，宝宝会很开心的。

宝宝怕生了，说明他长大了　很多家长发现他们的宝宝 6 个月以前谁抱都乐意，可是 6 个月以后却开始越来越怕生。刚刚还欢天喜地的，家里来了个客人或换个环境就不开心，甚至大哭大闹。6 个月以上的婴儿已经开始会区分亲人和陌生人了，如果宝宝在脑子里检索不到眼前这个陌生人的形象，就会感到不安。因此，一开始，要让陌生人和宝宝保持一定距离，防止宝宝受到惊吓，然后给宝宝一定的时间让他逐渐去适应。

宝宝成搬运工，爸妈要多鼓励　宝宝长到 1 岁多时，可以满地乱爬乱走，不少爸爸妈妈开始头痛了。小家伙特喜欢搬东西，只要能拖得动的东西，他会从这头搬到那头，又从那头搬到这头，忙得满头大汗却乐此不疲。结果，刚刚收拾干净的家一会儿又变得乱七八糟了。其实，随着宝宝的长大，会逐渐理解事物之间的因果关系，当他发现，许多东西会因为他的努力而发生改变时，他就会乐此不疲。此时，爸爸妈妈非但不要打断他们，反而要多多鼓励才对。诚然，随着宝宝长大应逐步培养一些好习惯。

孩子老和别人争吵怎么办

耐心听，不要急于解决。发现孩子争吵时，父母要耐心听他们为什么事争吵，做到心中有数，一般不要急于管，让他们争吵一会儿，他们把话说完了或是意见统一了，自然就不争吵了。

先转移注意力，后冷静处理。当孩子争吵非常激烈，有打架的趋势时，父母可先用转移注意力的方法，说："××你的衣服怎么样了？"或者父母拿件玩具说："这玩具是谁的呀？"这样争吵双方的注意力马上转过来看衣服或看玩具，顾不上争吵了。等他们冷静下来以后，大人再询问争吵的原因。

听清原因，不要轻易评判。即使很小一个原因，孩子也会争吵起来，所以父母一定要问清原因，不能轻易评判。孩子间的争吵，反映着双方关系不协调。只要父母采取调和的手法，说说双方的优点，鼓励他们有勇气承认错误，让他们互相说声"对不起"，孩子就和好了，父母不要非评个谁是谁非不可。

培养孩子的忏悔心

孩子有了过错，能听从家长的教诲，或者未经批评即能自责，这是一种良好的心理品质，它是从婴幼期就开始培养的忏悔心理发展起来的。忏悔心理是幼儿自我意识发展的结果，对以后形成谦虚自重的个性心理品质有极大的影响。

家长培养幼儿的忏悔心理可采用以下方法。

暗示法：当孩子出现轻微过失时，家长不要急于训斥，更不要流露出不满，可提示他："想一想，这样做好吗？"暗示他做错了事。

榜样法：家长做错了事，只要是孩子知道的，能理解的，就要当着孩子的面诚心表示懊悔，比如说"我真不应该"、"我很难过"、"太遗憾了"等。父母也可以在孩子面前互相赔礼道歉，请求对方谅解。

鼓励法：当孩子为过失而悔恨时，家长应表扬他勇于认错的精神，鼓励他努力改正错误。

熏陶法：这种方法要求在情感的基础上创造一种适宜的环境，通过潜移默化的影响，使孩子认识到勇于忏悔是可贵的品质。方法是经常给孩子讲解一些故事，让孩子看到具有忏悔品质的儿童榜样。这种无声的熏陶，如和风细雨，滴滴注入心田。

让孩子成为“社交家”

引导孩子多和伙伴接触　教育专家说，父母常犯的一个共同错误是总认为孩子会自然而然地找到自己的朋友。心理学家托马斯·伯恩特认为：一个孩子只有经常和朋友们在一起，才能增进友谊。父母要为孩子交友牵线搭桥。

给孩子足够的选择余地　孩子需要大人的指导，也需要自己决定一些事。比如，父母常常为孩子的穿着和发型烦心，但专家们说，只要不出格，最好让孩子们自己去体验。给孩子选择余地的另一个方面是挑选朋友。尽管父母希望孩子交朋友，但决不愿意他们交错朋友。除非孩子遇到危险，否则，最好是让孩子自己分辨哪种友谊要得，哪种友谊要不得。

尊重孩子间的差异　孩子的社会需求是不同的，了解这点很重要。比如，并不是每个孩子都需要很多朋友。数量不等于质量。对有些孩子来说，一两个朋友就足够了。

培养孩子广泛的兴趣，增强其自信心　孩子在某些方面有特长，就有了自信心，并为他们结识新朋友提供了机会。正如心理学家托马斯·伯恩特所说：“友谊建立在共同兴趣的基础上。如果你的孩子朋友不多，那么就培养他们的广泛兴趣。这样，孩子在参加共同的活动时，便可以建立朋友之间的友谊。”父母要帮助孩子发现自己的兴趣。

为孩子做出榜样　记住别人的生日并安排和朋友聚会的父母，以自己的言行告诉他们的孩子如何和朋友建立友谊，孩子会从父母和朋友的交往中学到很多东西。

如何消除儿童焦虑

儿童焦虑症是在儿童时期发生的发作性紧张、莫名恐惧与不安，并且伴有自主神经系统功能异常的一种情绪障碍。

患有焦虑症的孩子通常烦躁、恐惧、不安，害怕离开父母或亲人。有的孩子拒绝上学，即使勉强到校也很少与老师、同学交流，上课注意力不集中。

帮助孩子消除焦虑心理应以心理治疗为主。首先应了解孩子产生焦虑心理的原因，如家庭环境有无改变或是否变迁、父母有无焦虑倾向、家庭关系是否融洽等，解除诱发焦虑的心理应激因素。

要耐心倾听孩子的倾诉，试着和他们成为朋友。有目的地和患儿进行交谈，适当地对他们的痛苦表示同情，消除他们的顾虑。

对有明显诱发因素的患儿，要帮助他们消除各种不利因素。父母应克服自身弱点，积极消除家庭环境或家庭教育中的不良因素。

建议家长带孩子多参加户外活动，进行适当的体育锻炼及游戏活动，进行自我放松而消除焦虑心理。

让孩子学会分享

生活中，许多小孩子都有很强的“占有欲”，他们不愿意与父母、小朋友分享自己的食物和玩具。对于这些孩子，家长应该如何引导？

河北师范大学研究学前教育的王艳芝老师说：“家长不要娇惯和溺爱孩子，不要一切以孩子为中心，无限制、无条件地满足孩子的任何需求，给予他特殊的地位。应该适当地让孩子明白他所得的不是理所应当的，而是大家因为爱他而给予他的。在日常生活中，家长要让孩子学会感恩和感谢，学会把自己喜欢的东西拿出来跟家人、小伙伴共享。”

王老师说，扩大孩子的同伴交往范围也很重要。家长应确保孩子有较多的玩伴。同伴范围有限，孩子就很难学会与人分享，也体验不到合作和分享带来的快乐和成长。因此，家长应该给孩子创造更多的机会让孩子与其他小朋友们一起玩。

王老师说：“当孩子因为缺乏安全感而喜欢独占玩具时，父母应该鼓励孩子与同伴积极交往。让孩子知道，能给他安全感的不仅只有爸爸妈妈、爷爷奶奶，还有那些一起玩耍的小朋友们。”

玩游戏时　让孩子有规则

许多家长在与孩子玩游戏时常常面对这样的抉择：让还是不让？让吧，会破坏游戏的规则，不让又容易挫伤孩子的积极性？那么，究竟怎样做才是最恰当的呢？专家为广大家长提出了几点建议：

第一，游戏有竞技性和非竞技性之分。在和孩子玩竞技性游戏的时候，要相信孩子的坚强，尽可能地坚持规则；如果怕打击孩子的兴趣与自信，可以事先约定“让”的规则或者给以事先的“优惠条件”，而一旦游戏开始了则要学会“坚持原则”。在与孩子玩非竞技性游戏的时候，多给孩子一些空间。

第二，在引导孩子“规则意识”的时候，要注意结合孩子的年龄阶段来选择方法与情境。5岁之前的孩子，不太能理解游戏的规则，因此日常生活中与孩子玩游戏时，要注意说话的方式与语言行为，以免刺伤孩子的自尊心和积极性；5岁以后是孩子学习规则的重要阶段，这时就不能再“随便”了，否则就等于害了孩子，因为没有规则的人根本无法融入群体中。

第三，对于大多数家长来说，在日常生活中，要注意“规则”的培养，而不仅仅是在竞技性游戏或者比赛里；在处理与孩子的冲突或者孩子与同伴的冲突时，也要注意“讲规则”，而不是简单的“让一让”。

怎样在孩子面前提及金钱

要培养孩子对金钱的正确态度，家长就不要把经济问题看作只能对朋友谈起的秘密。正确的方法是：孩子应该参与到家庭的经济决策中。在日常生活中，应该让孩子了解到金钱的价值：在购物时告诉孩子，大人为什么买或者不买某种东西。在自动提款机前向孩子们解释，这个机器不是按几个按钮就会吐出钱来，而需要人们提前赚到钱并且存到银行账户才行。

当孩子学会算术后，应该让孩子看看家庭收支记录。这不仅仅会帮助孩子对“收入”、“支出”这两个概念形成直观的印象，而且通过对家庭预算的了解，他们也会明白，自己的零花钱也应该有计划地支出，这比家长反复强调效果要好得多。

家长同样不必把银行对账单看成秘密文件。家长应该根据孩子年龄不同回答他们提出的问题，大一些的孩子也会理解，不应该把家庭账户节余的情况告诉他人。

如果家庭有大宗的购物计划，家长同样应该让孩子参与到讨论中。买新车的计划有没有赞成或者反对的理由？根据家庭的情况，我们应该购买哪种车型？当然家长也应该告诉孩子，他们的经济能力能够承担哪些商品。

孩子参与到家庭经济的决策中，不仅可以丰富家庭生活，而且可以带给他们宝贵的经验。孩子们可以学会当自己的意见与别人不相同时，如何提出自己的观点，怎样为观点寻找论据。这样他们会感到一种来自父母的信任。他们会明白，在家庭生活中，每个成员的需要都会得到尊重。“妈妈喜欢打网球，她可以买网球拍。爸爸喜欢听音乐，他可以买一大堆唱片。你也可以把你的零花钱买喜欢看的漫画。”

如果家庭遇到了长期的经济困难，家长应该向孩子解释清楚。比如说，我们今年假期的旅游计划泡汤了，是因为我们需要还购房贷款。家长这样说的话，孩子会感觉受到了重视，同时他们对于金钱的态度会更加谨慎。

如何培养孩子的幽默感

用父母的幽默感染孩子　家长首先要让自己学会幽默。父母的幽默，能起到说教所无法比拟的作用，能潜移默化地影响孩子成为一个乐观的人，增加他在人际交往中受欢迎的指数。比如，父母夸张的笑脸和动作，和孩子捉迷藏时突然伸出躲在门后的脑袋，或是对孩子的“杰作”发出夸张的叫喊，都会令孩子兴奋不已。

培养孩子的语言能力和想象力　如果孩子想象力欠缺，脑中储存的语汇贫乏，就不能充分表达自己的幽默，所以应培养孩子的语言能力和想象能力。家长可以引导孩子多看一些漫画，背诵儿歌、古诗，另外，可以给孩子讲一些有益心智的故事，充分挖掘故事中的幽默因素。

培养孩子愉悦和宽容的心态　幽默的心理基础是愉悦、宽容的心态，家长应该教育孩子在与人交往时愉悦相处，宽容待人，用幽默解决矛盾纠纷、用幽默提出与对方分享的要求、用幽默提出批评建议等。

哪些游戏能益智

分豆子　把绿豆、红小豆、黄豆、芸豆等五颜六色的豆子混在一起，让孩子一样样挑出来，放进不同的碗里；它能锻炼孩子手指的灵活性、刺激肌肉的发育。适合年龄：3岁以上。游戏要点：孩子做事的速度和准确性是获胜的关键。

冰棍棒解“冻”　把一堆冰棍棒撒在地上，然后一根一根拿开、挑开或拨开，每次只能拿一根、并保证其他的棍子纹丝不动。适合年龄：4岁以上。游戏要点：孩子在挑、拨时，要观察仔细，手要准、用力要轻。

剪纸　将买来的剪纸放在一张白纸下面，用铅笔勾出轮廓，再用剪刀剪。也可以取一张正方形纸，对折或斜对折数次，随意直着、斜着或弯曲着剪，之后打开，一张独特的剪纸就完成了。剪法不同、作品也不同，每次都会有新的发现。适合年龄：5岁以上。游戏要点：孩子要特别仔细，用力要恰到好处，否则，作品就不够精致。

抽陀螺　陀螺为圆锥形，以木制居多，锥端常加铁钉或钢珠，耐磨且便于旋转。玩时先将陀螺在地上转起来，然后用绳鞭抽动，让它转得更稳更快。这个游戏对培养孩子动作的准确性很有好处。适合年龄：4 岁以上。游戏要点：抽陀螺有两种方法，水平法和垂直法。抽得要准，臂力也很重要，轻重适度。

孩子缠人区分对待

孩子缠人原因有多种：

第一，为了引起家长的注意。我们可以从婴儿的行为中清楚地看到这一点，婴儿啼哭，不仅仅是因为肚子饿，有时看到大人从他身边走过却不抱他，也会哇哇哭起来，目的是引起你的注意，要你赶快抱他。这是一种感情需要。儿童缠人有时也出于同样的道理，要东西、捣乱都不是目的，目的是引起家长的注意，需要感情交流。这种心理在独生子女身上表现得更为突出。

第二，是一种心理依赖。有个性、活动能力强、会玩的孩子较少磨人。相反，过于娇生惯养，样样都被父母安排停当，会养成离开父母就无法生活的习惯。这种依赖性反映在情绪上，就是围着父母胡搅蛮缠。同时，越是自卑的儿童越容易缠磨大人。

第三，家庭成员的态度不一。孩子一般专找宠爱他的人缠，也专找态度暧昧、容易妥协的人缠，因为经验证明，他们总是在责骂之后满足自己的要求。

缠人现象要从根本上纠正还取决于对儿童个性的培养。缠人表示孩子缺乏自立、情绪不定，改变这种个性的根本出路，是不要过分保护孩子，而应培养孩子的自立能力，多让孩子自己拿主意，尊重他的选择。这样孩子反而对自己的行为会做出负责的选择，再不会整天磨着你帮他干这干那，也不会不知深浅地提出无理要求。

此外，同样是“缠人”的行为，也要分清情况分别对待。

首先，要使孩子不缠人，自己先不要在情感上过分“依赖”孩子。这一点很重要，有的父母忙的时候为孩子缠住自己不放而叫苦。但仔细想想，当你和孩子一样闲得没事的时候，你是否主动先“招惹”孩子缠着你不放呢？这反映出父母对孩子的感情依赖也很强。

其次，如果孩子是缺乏与父母的感情交流，因孤独而缠人，需要父母从两方面去做。一是注意安排出时间与子女讲话，增加感情交流；另一方面教导孩子学会自己学习、游戏，逐步使孩子感情独立。如果孩子是因为要得到好处而缠人，也要分情况来看，该满足的一定要满足，不该同意的要坚决制止。

四五岁是孩子大脑发育的第一次高峰

专家认为，四五岁的孩子正处于大脑发育的第一次高峰，所以用对方法，掌握好早教的度，将会让孩子获益无穷。

耐心解释“为什么”。随着大脑的变化，孩子急需扩大知识面，他们会经常追问父母“这是为什么”。碰到这种情况，父母要尽量用儿童的语言和思考方法耐心解释，不能太复杂。孩子在汲取知识的同时，记忆力也会得到进一步提高。

培养简单推理能力。可以带孩子到大自然中，让他们对动植物进行细节观察，并提出问题。比如：“小鸟为什么会在天上飞？”回家后，对照书中的图画，给他们讲故事，以激发孩子的想象力。

丰富游戏内容。家长要多和孩子做游戏，并通过游戏，让孩子学会攀、爬、抛等动作。在此过程中，他们会觉得兴奋，这种反应能直接刺激大脑神经，对孩子的观察、反应、判断能力大有帮助。

不过，专家提醒，家长不要过早让孩子学一些复杂的知识和动作，比如写字、背诵生僻词句等，否则对孩子的健康成长不利。

提高孩子智商的要诀

孩子出生后注意多和他讲话　出生时，人的大脑就存有上亿个细胞，它们被一种物质联系起来，形成一个高效运转的系统。但是这种联系只是一种潜在的东西，实际上，只有当一个神经细胞被触发时，它才释放出信号并传给邻近的细胞。当父母和孩子交流时，就等于在孩子大脑中触发了一个化学和电子的信号。你说的每一个词、做的每一件事、每一次抚摸都起到这种联系的作用。每一个新的联系都可增加孩子的学习能力。因此，孩子出生后父母注意多和他讲话，孩子会更聪明。

鼓励孩子养成独立思考的习惯　最有效的使孩子聪明的策略，就是让孩子养成独立思考的习惯。人们常对聪明有一种错误的认识，把知识的积累和聪明混为一谈。聪明是应用所学知识的能力。若只是把孩子的头脑装满了知识，而不教他怎样应用，这并不能使他聪明。

引导孩子善于提出问题　爱因斯坦说得好，“提出一个问题比解决一个问题更重要。”因此，要使孩子更聪明就要训练他善于提问。

永远不要给孩子太大压力　不要给孩子太大压力，这样会增加他的逆反心理。父母应该向孩子表示关爱。脑电图显示，当关爱来临时，人的脑部神经非常活跃，而快乐正是增强记忆力和激发创造力的源泉。

学习好　亲子沟通很重要

孩子对学习的身心要求包括：生理及活动的需求；被爱、被关怀；归属感、自尊心、好奇心、成就感……形成一个金字塔的结构。

缺乏爱，学习难出色　按照以上说法，首先是被爱与被关怀，孩子的学习和思考就像一扇门，当孩子觉得自己缺乏安全感、缺少关怀的时候，这扇门就会关闭。

训斥没任何帮助　孩子总会在学习中犯错，有的家长教给孩子正确方法，对孩子讲：“你懂不懂？”孩子答：“懂。”家长说：“你会没会？”孩子答：“会。”家长终于舒了一口气，可是发现孩子依然会做错了题。这是怎么回事呢？其实，在家长训斥孩子时，孩子的回答并非出于内心，而是应急的机械性反应。孩子并非明白了家长的指导，而是在自尊心受到伤害时，应付家长，进行自我保护。所以，训斥对提高孩子成绩没有任何积极帮助。

不要赞美，要鼓励　成就感对于学习非常重要。孩子的成就感是外在对他的支持和认同。但是要注意赞美和鼓励的区别。赞美孩子可能会让孩子只为个人的目标而努力，孩子为得到称赞而努力表现，会错误地认为自己的价值是取悦别人，若得不到称赞，容易失去信心。所以我们要鼓励孩子：1．着重内在评价，肯定孩子自我能力的发挥；2．帮助孩子肯定自己的价值，知道自己的贡献；3．借外在的肯定与鼓励，形成孩子内在的动力，进而培养主动负责的习惯；4．引导孩子从自我肯定中，提升自尊与自信，建构正确的价值观。

多说谢谢　情商更高

美国《纽约每日新闻》报道，美国心理学家研究发现，能够心存感激，经常说“谢谢”的孩子情商更高：机灵、热情、坚定、细心而且更有活力。而且，这些孩子也更乐于帮助别人。

经常让孩子回忆让他们感激的人和事，是教育孩子感恩的最好方法之一。孩子在你的引导下，也许就不会自私地说只喜欢自己的新玩具和美味食品，而会想起帮助自己的小朋友和亲人。但是，感恩并不只是说声“谢谢”这么简单，更要让孩子懂得其内在的深意。家长要让孩子知道，分享内心的感恩之情，并将这种心情充分地表达出来，也是一种快乐。同时要注意的是，即使孩子收到了自己不喜欢的礼物，也要学会去感谢对方。因为孩子不该是为了礼物价值的大小而感谢他人，也不该为得到的多少而感激，而是应该感谢他人的心意和友善，以及花在自己身上的宝贵时间。

四种做法让孩子拥有自信

重视过程而非结果　父母最关心的往往是孩子在学习、工作中是否比别人强。其实，结果并不是最重要的。家长应该看重的是孩子在学习、做事的过程中是否获得了经验、能够承担责任、掌握知识和技能。父母的这种态度会传递和影响孩子，对孩子自信心的培养非常重要。

建立合乎孩子能力的目标　父母的责任是怀有一颗期待之心，帮孩子建立每一阶段的合适的目标。这个目标不能定得太高，超过了孩子能达到的限度，容易使孩子产生失败感，丧失信心。

也不能定得太低，孩子完成得轻而易举，就会变得轻率和骄傲。

让孩子迎接挑战　对困难的成功跨越，都是对自己的一次肯定，都会增加一份自信。并不是只有面对惊涛骇浪，才有挑战的意味。对于孩子，日常生活中的小事也可以是挑战。比如说洗衣物、下棋、打篮球……都是挑战。鼓励孩子多参加类似的活动，成就与胜利自然会增加孩子的自信。

肯定孩子的成功　当孩子做了好事，很好地完成了布置的任务时，一定要给孩子表扬和肯定。对孩子的表扬和肯定是孩子充满自信不断进步的力量源泉。

如何帮助孩子克服依赖心理

1 ~ 3 岁：鼓励儿童不断尝试　从发展的角度来看，儿童在 1 ~ 3 岁的时候，会自主地探索环境以及尝试新的事物。孩子尝试新事物的行为如果遭到父母一再的干涉，他们甚至会产生一种强烈的挫败感，最后只能放弃对新事物的探索，而这也意味着孩子们掌握新技能的时间会被人为地推迟。

4 ~ 6 岁：强化孩子适应能力　在 4~6 岁的时候，儿童迈入了另一个新的里程碑，即自动自发——退缩内疚阶段。这个时期的家庭教育，对于儿童究竟是继续依赖父母，还是逐渐培养出独立性格，也将产生深远的影响。

在学龄前，儿童所认同的对象是父母，当孩子出现模仿家长而产生自理行为的时候，应该给予及时的鼓励。比如说“贝贝真棒，已经可以自己穿衣服了”，或是“小宝真乖，已经可以帮妈妈干活了”。类似的话会让孩子产生自豪感，认为自己长大了，可以独立地完成一些事情或是为别人提供帮助。经过反复强化之后，孩子这些适应性的行为便能够保存下来。

学龄阶段：利用他人积极影响　由于此时儿童的生活重心在学校，加上家长又特别重视孩子的学习成绩，因此对孩子的日常生活，家长免不了大包大揽，又形成了孩子对父母的过度依赖。改善这一行为，除了家长自己先转变观念之外，也应该向老师寻求帮助。因此老师在学校教育中，如果适当地增加一些培养其独立性的内容，再加上家长的配合，通常会有事半功倍的效果。

到了中学之后，孩子进入了同一性——角色混乱阶段。他们开始思考自己是谁，以及在群体中的位置如何。这个阶段的孩子若有过度依赖的问题，家长可以多熟悉和他经常往来的同伴，并从中找出一些独立性较强的同学，让他们对自己的孩子产生潜移默化的影响，进而逐步改正其依赖的行为。

帮孩子摆脱娇气

劳动治娇。劳动是治娇的好方法。在给孩子讲清道理之后，安排难度稍微大一点的劳动任务，鼓励孩子坚持干好。开始时，最好家长跟孩子一块干，随时指导。

运动治娇。娇气的孩子最怕跑步、爬山。家长跟孩子订个协议，每周一起跑步，不少于三次，距离远近依孩子年龄和身体情况而定。利用双休日去爬山或者徒步远足也是好办法。跑步、爬山既能开阔视野，又能锻炼身体，磨炼意志。

定时完成学习任务治娇。跟孩子讨论，一次专心学习时间能达到什么水平，然后定一个目标。比如原来能专心学习 30 分钟，现在就定 40 分钟，而且明确学习质量要求。上好闹钟，监督孩子抓紧分分秒秒，让孩子看到效果，及时鼓励。如果孩子做不到，家长可以一起来，与孩子互相竞赛，互相监督。家长的表现要认认真真，不能装样子。

跟班主任老师配合治娇。先与老师沟通，请老师给孩子安排一些经常性的任务，并给予表扬、批评。表扬、批评之后，家长及时跟孩子一起分析为什么受表扬、受批评，应如何正确对待。几次之后，孩子就能经得起表扬和批评了，而且学会了调控自己的情绪。还可以建议老师与孩子谈谈娇气问题，并在操行评语中写出“如能克服娇气，会取得更大进步”一类的话，调动孩子自己治娇的积极性。

七招培养孩子自主性

一、给孩子空间，让他自己往前走。做家长的，应根据孩子自身的特点和能力，扩大孩子自由活动的空间，如鼓励他自己找朋友玩，让他在这个空间里自己当主人。

二、给孩子时间，让他自己去安排。不少家长以为，孩子还小，不懂得安排自己的活动。但如果成人完全包办了孩子的时间安排，孩子只是去执行，那么孩子的自主性就永远培养不出来了。

三、给孩子问题，让他自己找答案。

四、给孩子困难，让他自己去解决。家长应多想办法给孩子设置一些困难，让孩子去解决；孩子在生活中碰到困难，也要求他自己去解决，从而培养孩子应对未来的能力和意志。

五、孩子间的冲突，让他自己去解决。和成年人一样，孩子在一起也难免有冲突。当孩子向家长诉说自己遇到的诸如人际交往之间的矛盾时，家长应鼓励孩子去面对它，指导孩子自己去解决。

六、树立对手，让孩子自己去竞争。为了让孩子提高适应社会的能力，必须让孩子从小既学会合作，又学会竞争。有效的办法，就是经常在他的身边树立一个友好的竞争对手。

七、给孩子权利，让他自己去选择。

培养孩子的“灵性”

猜谜法：通过谜面所描述的事物特点、性质，让幼儿在猜测过程中受到思维灵活性的训练。猜谜语不仅能够培养幼儿思维的灵活性，而且可以增加幼儿的知识。

看图改错法：画一幅含有错误的图画，让幼儿找出错误并改正，对训练幼儿思维灵活性也很有裨益。

填充法：要求幼儿在某一简单图形上填画，使它成为多种不同的图画，幼儿边思索、边填画，很有兴趣。这不仅培养了幼儿思维的灵活性，而且对他们扩散性思维也有很大帮助。

连锁提问法：针对幼儿容易按照某种程式思考问题的毛病，可采用连锁提问法，如同："苹果树上有十个果，摘了一个还有几个？"幼儿回答是"九个"后，家长接着提问："树上有十只鸟，用弹弓打下一只还有几只？"习惯用一种程式想问题的孩子往往会答错，多次训练，可以养成孩子对具体问题作具体分析的良好思维习惯。

弈棋法：各种棋类，都有培养孩子灵活多变的思维的作用。可以从比较简单的动物棋开始，再慢慢过渡到陆战棋、象棋、国际象棋等。

续编故事结局法：讲故事时留个尾巴，让幼儿自己去猜测想象，引起听故事的兴趣。

情景设疑法：如给幼儿讲一故事：一位小朋友，扛着扁担到田里去帮大人抬菜，半路上看见水渠对面有只小鸡正在菜地吃菜。他想去赶，但被一米多宽的小河挡住，怎么办？讲到这里，让幼儿想个过河的办法。这一悬念能激发孩子思维的积极性，他们会在特定的情景中想出各种办法来。

“固执”的孩子咋调教

多听听孩子的意见

对于有主见的孩子来说，在那些与他有关的事情上，多听他的意见，是让父母孩子都感到轻松的一种方法。父母需要掌握一个原则，只要不危及安全、不伤害他人的事情就让孩子自己去选择。譬如他想与小伙伴一起玩足球，就未必一定要求他与父母一起去公园。千万不要试图与他硬碰硬，不然肯定是一个难以收场的结果。

教孩子学会谦让

父母不妨经常潜移默化地告诉孩子，真正聪明的人常常以退为进。如果两个小朋友都想玩那个玩具，并且争抢起来的话，最后反而谁都玩不上。不如大家轮流玩，不但可以更早玩，而且大家还可以商量出更有趣的玩法。

不要过于迁就孩子

如果所有的宽容、理解、尊重都不能奏效时，也应行使父母的权利。譬如到了睡觉的时候孩子仍拒绝上床的话，可将他抱上床，并且告诉他：“睡觉的时间到了，即使你现在睡不着，也必须在床上待着。”

对待固执宝宝，既不要抹平孩子的棱角，也不要过于迁就孩子，更不要在孩子面前感叹他有多倔，这样会让孩子觉得自己是个特殊的孩子，或者让他自以为有权肆意妄为。

小游戏帮孩子改掉坏毛病

制服小暴君　好动、缺乏耐心、易焦躁的孩子，家长可以经常和他们玩挑棍儿或翻绳的游戏，一步步训练他们做事的节奏和耐心。

克服孤独感　玩过家家、跳皮筋、丢沙包等合作性的游戏可以解除孤独孩子的苦恼。

集中注意力　木头人的游戏非常适合注意力不集中的孩子，“不许笑、不许动、不许露出大门牙”的游戏要求使他们学会控制自己。剪纸也可以锻炼孩子的注意力。

不再慢半拍　孩子反应慢的重要原因是感知觉动作缺少而表现得不灵敏，捉迷藏、滚铁环、抽陀螺等游戏都可以训练孩子的感觉统合能力。

3岁以下宝宝应经历的10件事

1. 骑在爸爸肩上 能感受父亲的力量，逐步建立起对成人的信任感，增进亲子间的情感；感受特有的高度，体验和理解成人的视野；适应爸爸身体的移动、晃动，挑战孩子的平衡能力。

2. 在雨中行走 感受雨天的自然景象与变化，引发对周围事物的兴趣。看见小水坑，在家长的帮助下，可以跳过去，培养克服困难的意志，或者在小水坑里踩一踩，体验水珠飞溅的快乐。

3. 和父母下乡 新鲜的、差异明显的环境能激活孩子观察的兴趣，调动孩子的思维，激发无限的想象力，并激发好奇和探索的欲望。

4. 穿大人的衣物 满足婴幼儿“进入”成人世界，模仿成人行为、情感和愿望；还可进行大小、长短、胖瘦的区别、比较。

5. 走“特别”的路 走不同的路面，如泥、沙、水泥、草地等，脚底产生不同的感受，发展宝宝的感知觉和平衡能力。这也是孩子体验人生道路的最初启蒙。

6. 体验黑暗 黑暗对孩子来说，代表着恐惧，代表着可怕。不妨陪伴孩子一起勇敢地面对黑暗，帮助孩子战胜困难，学会勇敢。

7. 在草坪上滚爬 这一活动通过身体感觉、方位知觉、平衡能力、视觉等多种感觉信息的刺激，促进大脑神经系统的发育和思维能力的发展。

8. 和父母一起沐浴 彼此身体各部分的相同的器官，不同的形状、大小能引发孩子观察的兴趣；性教育的自然启蒙，在轻松、日常、自然的状态下感受男女性别的差异。

9. 在亲友家暂住 感受不同家庭的生活方式，体验父母不在身边的“独立”，促进孩子与人交流。

10. 和父母一起看书 让孩子学会翻书，有助于从小养成良好的阅读习惯。应当允许孩子自己“乱翻书”，让孩子找出自己喜欢的画面“自言自语”，可以建立相对稳定的“亲子阅读时间”。

减少孩子发脾气的妙招

1. 以身作则 当你遭到挫折火冒三丈时，要注意孩子很可能要模仿你处理问题的方式。如果你动辄勃然大怒，又怎能期望孩子控制好情绪呢?

2. 适当满足孩子的生理和心理需要 孩子处于饥饿和疲劳状态时，易发脾气。这一点父母都很清楚，但对孩子心理需要却重视不够。2 ~ 3 岁儿童有游戏和交友的需要，父母对此能否正确对待，对孩子是否发脾气有很大影响。

3. 注意早期发现孩子坏脾气的苗头 鼓励孩子把心中的不快倾吐出来。一旦发现孩子的情绪有导向发怒的可能，立即提醒他。也许有些事情正在困扰他，他需要你提供帮助。

4. 转移孩子的注意力和松弛训练　孩子生气时，父母除了表示对他理解和关怀外，还要尽量转移他的注意力，引导他做些愉快的事。对大一些的孩子可通过各种体育活动来达到其精神和身体的放松。有规律的深呼吸也有助于孩子身心松弛。

5. 培养孩子的广泛兴趣和爱好　引导孩子学习绘画、下棋、弹琴等，以逐步培养他豁达的性格。

6. 让孩子有适当发泄的机会　如果孩子的坏脾气已经形成，第一可以采取冷处理方式，在其发脾气时故意忽视不理，让他慢慢冷静下来。第二可以选择适当的方式让他发泄出来，如通过交谈帮助他把怒气宣泄出来。

培养儿童好习惯需技巧

儿童心理学专家王文娟博士提醒家长，帮助孩子养成良好习惯要注意七点：

第一，培养好习惯首先要从培养孩子的责任感开始。让孩子自己收拾书包、自己穿衣服，学会生活自理。另外，还应让孩子从小承担一部分家务，比如倒垃圾、扫地等。孩子对生活有了责任感后自然就会对学习有责任感，并且懂得照顾人。

第二，上课要专心听讲，提高课堂效率。鼓励孩子在学校解决问题，尽量不回家复习。同时，家长不要拿自己的孩子跟别人的比，孩子年龄越小，发展的差异越大。

第三，让孩子养成专心做作业的习惯。家长在孩子做作业时要尽量给孩子创造安静的环境，避免孩子分心。小学一、二年级的孩子精力不容易集中，家长可以准备一个闹钟，规定孩子学习10分钟之后玩20分钟，不搞疲劳战术。

第四，培养孩子的好奇心。多和孩子讨论生活中的各种问题，让孩子养成观察和思考的习惯。

第五，坚持和孩子一起运动。运动有利于孩子的生长发育。

第六，少让孩子参与成人活动，多与同龄人交往。同龄人之间的交往是平等、互换、互惠的。与同龄人交往能够学会妥协、付出、协商，是一个人适应社会的过程。

最后，不要让孩子养成乱花钱的毛病。经常给孩子花钱会让孩子产生错觉，认为钱来得太容易，这样孩子干什么事情就不肯努力了。

帮孩子摆脱性格软弱

畏首畏尾、缺乏独立性、过分依恋亲人、在生人面前不敢说话等，是性格软弱孩子最突出的表现。在性格形成时期，孩子有性格意志的缺陷，父母应引起重视并及时进行帮助、引导。

一、让孩子学会生活，把握自己。家长的包办代替是孩子性格软弱的重要原因之一。一些家长对孩子大包大揽，不让孩子做任何事情，这等于剥夺了孩子自我表现的机会，导致孩子独立生活能力的萎缩。

二、让孩子接触同伴，锻炼自己。心理学家指出，孩子的性格在游戏和日常生活中表现得最为明显，这也是纠正不良性格的最佳途径。

三、尊重孩子，不当众揭短。

四、让孩子大胆地说话。要做到这一点，功夫还是在父母身上。首先，父母不能当着客人的面打骂、责备孩子或强迫孩子说话；其次，可以邀请一些同龄小孩一起参与集体活动。

引导孩子走出“对立”阴影

从“保姆”式管理转向“朋友”式对话　孩子小的时候，父母习惯用命令的方式进行管理。随着孩子长大，社会阅历的增加，他们学会了批判性思维，就不会事事听命于大人了。如果父母认识不到这一点，依然用命令的方式管教孩子，孩子就会抵制、对抗。认识到孩子青春期的变化，父母就要及时调整自己的角色，从“保姆”式的管理方式转变为“朋友”式的平等交流方式，这是一个非常重要的转变。家长要学会接纳自己的孩子，包括接纳他们的缺点。切忌没完没了地说教，使用伤害自尊心的、指责的、讽刺的和贬低的词语。还要客观看待孩子的学习成绩，不可盲目攀比。

沟通是有技巧的，父母在与孩子进行交往时，要表现出对孩子的话有兴趣，让孩子把自己的话讲完，不要轻易地给出任何判断和批评，尽量站在孩子的立场去理解他所要说的话。

“问题解决”策略包括5步骤　当遇到难于解决的问题或家庭成员意见不一致时，可以采取“问题解决”策略，通过家庭成员之间的合作来解决问题。它包括5个步骤：问题是什么？有哪些解决问题的办法？最好的办法是什么？执行这个方案！方案执行得怎样？采用家庭会议的方式，让孩子参与做出决定，协商出一个大家都能接受的方案。孩子参与进来，了解了这样做的理由，有利于方案的实行，并能培养其行为的责任感。

当亲子关系已经僵持到无法沟通的地步，这时候可以寻求外力帮助，如孩子的叔叔、舅舅、哥哥等具有一定权威性、孩子信任的人，或学校的老师、父母的同事、居委会关心下一代协会的工作者、社会工作者、专业心理医生等。

孩子为何突然不爱说话

青春期的孩子有个普遍现象，即从处处顺从父母的乖孩子，变成一个自我独立、有个性的人。他们往往需要经历逆反与服从、“真能”与逞能、自卑与自信、孤独与依赖等内心矛盾的煎熬，最后才能在调整中找到平衡。

从心理学的角度看，孩子自我封闭，其实是对自己内心的保护行为，也是一种反击他人干涉的行为，似乎在告诉别人“我不需要你们”。孩子之所以有这样的反应，是因为父母总想管住他们，连他们心里的细微动向都不放过。这不免让开始独立思考的孩子感到反感。但是，他们没有能力真正独立，只好选择不理睬父母的方式表示反抗。孩子们故意把自己关在屋子里，是因为他们觉得，这个小天地是家中唯一可以自由思考的地方。

针对孩子的这种心理，我给家长提几点建议。首先，家长要调整心态，用与成人交往的态度对待日渐长大的孩子，要让孩子感到自己在家里是平等的一员，有保持沉默的自由。其次，父母要学着换位思考，先回想一下自己青春期时的想法。然后再站在儿女的角度体会一下，在更大的压力下，他们会有怎样的苦恼和困惑。另外，父母在找到孩子的症结后，要表示出自己的支持，帮他们解决问题，不能像个领导者一样，板起脸孔教训孩子。

培养孩子做事有条理的习惯

1. 建立合理的作息制度　有规律的生活是培养孩子做事有条理的重要前提。父母应根据孩子的年龄特点和家庭条件，把每天起床、睡觉、做游戏、看动画片、学习及家务劳动的时间都固定下来。教孩子做事时，一定要交代清楚什么时间去做什么事情，怎样才能做好这件事，应注意些什么问题。做到要求明确，检查及时。

2. 培养孩子做事有条理的习惯　父母应该随时留心观察孩

子，看看他做事是否有秩序，是否知道先做什么，然后再做什么。通过观察，如果发现孩子这方面能力差，应立即给他指出来，并告诉他无论做什么事都要按步骤完成，做完一件事再做另一件事。如果有许多事情要做，必须先安排好顺序。

3. 父母要以身作则　父母要言传身教，以身作则，如在家做事时主动勤快，有条理，脏衣服不乱塞乱放，换下来就洗，上班前总是将房间收拾整齐等，为孩子树立良好的榜样。

童言无忌过了头　教你四招来应对

华东师范大学学前教育与特殊教育学院王振宇教授说，孩子说脏话，只是一种语言模仿，家长不要过多或过严厉责骂孩子，否则会让孩子产生逆反心理。

第一招　家长以身作则　王振宇认为：“家长要保证自己不说脏话，给孩子起好带头作用。”假如孩子偶尔学会了说脏话，家长先应告诉孩子：这些话很不好，爸爸妈妈不喜欢你说这个。每次孩子要说脏话的时候，家长不应为此大声责骂，而是自然地引开话题，削弱他对脏话的记忆。

第二招　冷处理　既不打他，也不和他说道理，假装没听见，对他不理不问。慢慢地，他觉得没趣自然就不说了。

第三招　鼓励改错　给宝宝讲故事，或者让他转换角色：如果你被人骂了难听的话，会很不开心的吧？帮助他认识到骂人是一种不好的行为，积极暗示宝宝：这种行为是不对的。

第四招 适当惩罚 如果宝宝已经超过五六岁了，仍有这种不良行为，就可以适当惩罚他，促使他反省自己的行为。

批评子女要讲究五种技巧

低声 父母应以低于平常说话的声音批评孩子，“低而有力”的声音，会引起孩子的注意，也容易使孩子注意倾听你说的话，这种低声的“冷处理”，往往比大声训斥的效果要好。

沉默 孩子一旦做错了事，总担心父母会责备他，如果正如他所想的，孩子反而会有一种“如释重负”的感觉，对批评和自己所犯过错也就不以为然了；相反，如果父母保持沉默，孩子的心理反而会紧张，会感到“不自在”，进而反省自己的错误。

暗示 孩子犯有过失，如果父母能心平气和地启发孩子，不直接批评他的过失，孩子会很快明白父母的用意，愿意接受父母的批评和教育。

换个立场 当孩子惹了麻烦遭到父母的责骂时，往往会把责任推到他人身上，以逃避父母的责骂。此时就回敬他一句“如果你是那个人，你会怎么解释”，这就会使孩子思考：如果自己是别人，该说些什么？这会使大部分孩子发现自己也有过错，并会促使他反省自己把所有责任嫁祸他人的错误。

适时适度 幼儿的时间观念比较差，昨天发生的事，仿佛已经过了好些天了，刚犯的错误转眼就忘了。因此，父母批评孩子要趁热打铁，不能拖拉，否则，事倍功半。

让孩子听话有诀窍

让孩子关注谈话　在厨房干活的妈妈对着正在房间里玩得高兴的孩子大叫：“过来洗手准备吃饭。”一般不大可能有效果。如果需要孩子听见妈妈的话，并且让他按照指令去做，妈妈最好是让孩子先放下手中的事情，然后把孩子带到安静的房间里，再跟他说话。这样做不仅能让孩子将注意力和关注点转移到谈话的内容上来，而且能培养孩子在和他人谈话时，端正态度。妈妈也可以走到孩子的身边，轻轻扶住他的肩膀，叫他的名字，当孩子的注意力完全转移到你这里时再开始说要说的话。

不必大声说话　大喊大叫地对孩子发布命令，这是最不明智的做法。因为，虽然此时孩子的注意力都在父母身上，但他关注的只是父母脸上的愤怒表情，而不是父母所说的话。事实上，父母越是温柔和轻声地说话，孩子越是容易关注父母所说的话。

借助视觉信号　美国有关儿科神经专家认为，给孩子一个视觉的信号，能帮助他加强对正在说话的父母的关注度。使用手势或动作，有时也能起到强调的作用。父母可以和孩子一起制定一两个共同约定的暗号，在某些公共场合用来告诉孩子，这时必须听话，例如拉拉耳朵、捏捏脖子等。

给孩子留点时间　有时孩子是因为专注于感兴趣的事情而忽视了父母的话，此时父母应适当地多给孩子留点时间。事实上，如果总是打断孩子做自己喜欢的事情，不仅会让孩子更不愿意搭理你，还不利于孩子本身的发展。

孩子的18种睿智表现

美国哈佛大学心理学教授霍华德·加德纳通过研究，认为人的基本智能可分为八种类型，即语言智能、逻辑数理智能、音乐智能、空间智能、运动智能、人际关系智能、自省智能和自然观察者智能。这里为父母罗列出孩子在日常生活中的 18 种表现：

1. 善于用语言描述所听到的各种声响；

2. 常给孩子朗读的故事，要是你更换了里面的某个词，孩子就会说读错了，并加以纠正；

3. 喜欢对人讲故事，而且讲得绘声绘色；

4. 喜欢提些怪问题，如人为什么不会飞等；

5. 喜欢把玩具分门别类，按大小或颜色放在一起；

6. 喜欢伴随乐器的弹奏唱歌；

7. 喜欢倾听各种乐器发出的声响，并能根据声响判断出是什么乐器；

8. 能准确地记忆诗歌和电视里经常播放的乐曲；

9. 善于辨别方向，极少迷路；

10. 乘车时，对经过的站名或路标记得清清楚楚，并向你提起什么时候曾经来过这个地方；

11. 喜欢东写西画，形象逼真地勾勒各种物体；

12. 喜欢自己动手，很多东西都一学就会；

13. 特别喜欢模仿戏剧或电影人物的动作或对白；

14. 善于体察父母的心情，领会父母的忧与乐；

15. 落落大方，动作优雅懂礼貌；

16. 善于把行为和感情联系起来，如说："我生气了才这样干的。"

17. 善于判断该做什么、不该做什么。

18. 善于辨别出物体之间的微小差异。

对孩子讲道理重在讲后果

一、孩子不想做作业怎么办　孩子觉得很累，想睡觉，对爸爸妈妈说不想再做作业了。这时候爸爸妈妈怎么办？家长首先要站在孩子的立场，充分体谅其辛苦，然后指出作业做不做是自己的事，做不做自己决定，但最后要为他分析做了有什么好处，不做有什么严重的后果，最后交给孩子自己做决定。

二、孩子常打架　家长首先要了解情况，并站在他的立场帮他讲话，然后指出打人无非想得到好处，问孩子你能得到什么好处；接着指出打人后的严重后果，如，伤了不舒服，没有人愿意和你玩，别人还会报复你，老师留堂、批评，父母可能揍你……你还想这样吗？最后将当时打架的情景说一遍，进行一次情景模拟，讲明人在交往中发生碰撞是很正常的，注意文明就可以解决问题。

三、孩子因丑而自卑　家长首先要帮孩子找出三个优点，并告诉孩子；然后询问孩子几个问题，第一，你的样子丑，能改变么？第二，矮会影响生存吗？第三，这一辈子你可能一直凭借身材和外表获得成就吗？最后指出孩子可以在其优势项目上进行发展，如画画能力强将来可以做美术设计，为其描绘美好未来，并指导孩子认识到美好的未来是需要付出努力的。起码，现在学习成绩方面得对自己有个要求。

和孩子讲道理切忌对他们讲太遥远的事，因为孩子的心理年龄特点是只关注现在，孩子认为将来的事情跟自己一点关系都没有，所以他们丝毫不感兴趣。对他们讲事情的后果，因关系到自己的切身利益，他才会去关注。

玩积木益处多

锻炼手眼协调能力　堆积木时，孩子需要灵巧地使用双手，因此可以促进精细动作的发展。将零散的积木堆出复杂的物体，还可以锻炼手眼协调能力。

培养观察力　孩子搭出来的房子之类的物体，实际上都是生活中常见的。他们首先要学会观察，然后在玩的过程中，把日常生活中观察到的事物用积木表现出来。观察力就在不知不觉中培养起来了。

培养交往能力　最好让孩子和别的小朋友一起搭积木，孩子们一起搭积木，相互间还会激发灵感，因此会玩得更认真，对培养孩子与人相处的能力也有好处。

让孩子更自信　搭积木的过程完全可以由孩子自己控制，这会使孩子带来满足感和自信心。

培养不同潜能　孩子在玩积木过程中，还可以学到很多数学知识，培养空间感、想象力、创造性和语言表达能力等。

怎样与青春期的孩子沟通

青春期的孩子在心理发展上具有封锁性的特点。家长应该允许孩子保留一些属于自己的秘密。如果一定要了解孩子的思想实际，家长最好通过交流、谈话等来沟通思想，不宜盲目怀疑，也不宜私自查看孩子的私人信息。父母在与孩子沟通时，要注意四个维度。

第一个维度是时间。家长最好经常与孩子沟通，多抽出时间陪伴孩子，让孩子真正感受到家长是关注、关心他的，他在家里是最有安全感的，孩子自然会有愿望说出自己的想法。

第二个维度是地点。除非孩子提出有很隐秘的话要跟家长私下里说，一般不宜跟孩子关起房门严肃对话。在那种情景下，孩子一般会有被审讯的感觉，因而，最好是在家里比较宽松的地方，一家人坐下来，轻松地说说话、聊聊天，既能融洽气氛，又能从中了解孩子真实的想法。

第三个维度是内容。轻松活泼的内容主要有关于学校生活、社会见闻、家庭建设等，这些内容能活跃家庭气氛，拉近父母与孩子的关系。随着孩子年龄的增长，孩子的思想深度会有很大的发展，关注现实社会、关注自我价值等方面精神需求会越来越明显。这时，家长应多与孩子讲述父辈们的人生经历，阐明你的人生哲学，探讨人生价值和生命意义等。

第四个维度是沟通的态度。家长最好是感同身受、心平气和。父母要把自己当作孩子，去感受他的感受，体验他的体验，只有这样，父母才能真正地理解孩子。同时沟通时一定要先心平气和，如果孩子出现了某些很让人生气的问题，家长最好将问题先放一放，等大家都比较冷静的时候再妥善解决。

正确培养宝宝的睡眠习惯

一、室内要保持安静，冷暖适当，空气新鲜。

二、从小养成独睡的习惯，独睡好处多，可减少与成人同睡时呼吸道疾病感染。对易惊醒的孩子，还可以避免成人翻身受到的干扰。白天尽量让孩子多活动，玩累了，上床后就易入睡，而且也能睡得好，睡的时间也长。

三、睡前不要使孩子过分紧张或过分兴奋，更不要采用粗暴强制吓唬的办法让孩子入睡。

四、孩子不易入睡时，可播放悦耳的催眠曲，妈妈轻声哼唱催眠曲更能促使孩子入睡。

五、尽量不改变孩子的睡姿，只要孩子自己睡得舒服，无论仰卧、俯卧都可以，孩子睡得舒适就不易惊醒，但俯卧时间过长可帮他翻身改变睡姿。

六、在睡眠中发现孩子蒙头睡、含奶头、咬被角、吮手指等现象时要及时矫正，以防养成不良习惯。

你的孩子是天才吗

牛津大学尖子生研究中心前讲师伯纳黛特-泰楠专门设计了一份有关孩子特征的表单，共列出了六类才能不太容易识别的学生。

喜欢管事的小霸王　他们总是喜欢重新摆弄一下鱼缸，重新排一下招待会的同学的座位，这种行为是出色的领导和组织能力的一个强有力的暗示。

年轻的大亨　上小学的时候，他们很快就发现可以把糖果和零用钱变成一家小银行，这个银行能够让他们在假期的时候发一笔小财。很显然，这些孩子很有可能成为未来的“富翁”。

刨根问底 喜欢刨根问底是拥有强大好奇心的一个表现，如果家长和老师认可这种才能并加以培养，他们可以成为记者或者探险家。

喜欢搭建东西 如果让他们单独待上几分钟，他们会用“垒高”拼装玩具建造出一座埃菲尔铁塔。年轻时表现出的这种才能可谓是擅长设计的一个功能强大的指示器。

童话大王 从他们会走路，会说话开始，他们就总是喜欢编故事、写故事，他们的想象力非常丰富，如果继续发展下去，很有可能成为另一个 J.K.罗琳。

说个没完 他们的嘴巴始终处于工作状态，喜欢在上课的时候与左邻右舍信口开河，你根本无法让他们停下来，当然也没有必要这么做。实际上，这种不吐不快的毛病说明他们拥有完美的语言能力，以后可以成为一名出色的律师或者在电视圈打造属于自己的一片天地。

批评孩子讲技巧

以尊重为前提

家长首先应该明白，孩子的成长是从认识错误开始的。错误产生的过程也就是学习的过程，所以对待孩子的错误，要采取宽容的态度。这里所说的宽容，并不是无所谓和任其发展，而是要就事论事，不要翻老账，不要把问题扩大化。在孩子犯错误的时候，家长应首先了解孩子出现错误的原因，采取心理暗示等方法提醒孩子，切不可不论青红皂白一通粗暴指责。因为这样不仅会吓坏了孩子，而且孩子认识不到自己错在哪里，同时孩子的自尊心也会受到伤害。孩子一旦失去自尊，任你怎样批评也没用了。

批评也要到位

批评就是试图改变对方的想法、态度和行为。如果孩子把家长的话当作耳旁风，那批评就毫无意义了。一些家长常说的话是"快点，别磨磨蹭蹭的！"、"去把玩具捡起来！"等。这样一些单调、重复、刺激的话，孩子很快就会失去感觉，产生"心理惰性"。家长应多想想办法，换一种说法，孩子可能会更容易接受。

重在讲清道理

有时孩子根本意识不到自己已犯错，这时责备他们不会有任何作用。生活中常有这样的情景：一边是大声哭闹的孩子，一边是厉声训斥的家长。人处于激动时，语音的分贝总是很高，节奏很快，情绪失控，争执只会越来越严重。遇到孩子不接受批评时，家长应持平和的态度，同时降低声调，这样不仅能使孩子情绪稳定，也容易使自己变得理智。然后再帮助孩子讲清事情经过，找出错误的原因和由此带来的严重后果，趁热打铁，进行浅显易懂的说理教育。只有这样，孩子才会觉得你是在真诚地帮助他，从而更容易接受。

帮孩子克服胆小

孩子胆小常常遭到家长的责备，其实，与家长营造的生活环境和教育方法有直接关系。

生活范围小。有的孩子只在很小的范围内活动，不常与外界接触，使孩子认生。

教育方法不得当。如当孩子不听话时，成年人就恐吓孩子，使孩子产生恐惧感，失去安全感，从而胆小。

在日常生活中对孩子限制过多，如孩子摸摸茶杯，大人就嚷："别动，看，摔了！"孩子摸摸扫帚，大人就说："扎着你，多脏，快放下"等，造成孩子不敢从尝试与实践中获得知识，取得经验，从而胆小。

胆小的孩子，一般勇敢精神不足，创造性也差。因此，应培养教育小孩不该做的事不做，应该做的事就要勇于尝试，不要伤害孩子的探索精神。

解决孩子胆小问题应注意以下几点：1. 要随着年龄的增长，扩大孩子的眼界，使之多接触生人，多认识世界。2. 让孩子多和小朋友交往，还可以和稍大一些的小朋友玩，以获得更多的知识。3. 鼓励小孩的探索与尝试精神。不要一个劲地发布禁令，这也不行，那也不许。4. 在生活中不要恐吓孩子。

家长应注意“乖”孩子

生活中，人们会用乖来形容一些孩子，他们容易管教，不争抢也不吵闹。医学心理学专家却提醒家长，对这样的“乖”孩子应多加注意，他们有可能是“退缩儿童”。“退缩儿童”，容易产生交往困难、语言表达能力差、在陌生环境紧张焦虑、缺乏积极性和主动性等问题。

退缩行为的产生主要有两方面原因，一是天生的神经类型较弱，适应性差；二是后天的教育方式不当。例如父母很少与他们交流、玩耍；父母性格孤僻，很少与亲戚朋友或邻居交往。

对这样的孩子，家长要引导他们多与外界接触，鼓励孩子开口讲话，如讲故事、念儿歌等，从面对家人逐渐扩大到外人。对讲话特别紧张、很难开口的孩子，家长可以买一台简易录音机，教孩子自讲、自录、自听，逐渐引导他们与家人、小朋友对话。如果经过一段时间锻炼情况没有改变，那么最好带孩子去正规的心理咨询机构进行矫治。

“应战”任性孩子有技巧

攻心为上 父母首先要有良好而坚定的心理状态。不要认为拒绝孩子会造成伤害，相反，这恰恰是对他最好的教育。要想培养一个棒孩子，那么面对他最初的不合理要求，父母一定要坚定地说“不”，不能有丝毫心软。

以退为进 父母可以先退一步。比如孩子想要一个不能给他的东西时，妈妈可以这样说：“这是妈妈的，妈妈现在不用，可以给你玩一下，不过明天就得还给妈妈。”然后以退为进——第二天提醒孩子：“宝宝，把东西还给妈妈，以后想要的时候再跟妈妈说。”

说一不二 对待孩子的要求不能“先抑后扬”。这样做只会让孩子认为父母好“欺负”，从而无理要求越来越多，“级别”越来越高，一旦父母不能满足他的要求，他就会产生偏激心理，造成意想不到的恶果。因此，拒绝孩子，一定要从一而终。

“战后”要善后 父母对孩子说“不”之后，要耐心向孩子解释拒绝的理由，让他明白“不行”的道理。拒绝孩子而不给他被拒绝的理由，会让他觉得受了委屈，甚至产生焦虑、恐惧、烦躁不安和悲愤绝望的心理。

父母离异 如何抚平孩子的心灵创伤

在父母离异这件大事面前，不同年龄的孩子的反应是不同的，所以你必须了解他们的心理状态，才有可能去对症处理——

2 岁以内的孩子：要求生活程序的稳定。如果过去主要照顾他的人换了，他会有种被抛弃的感觉。表现出来的是哭闹增多、饮食习惯改变、睡眠易惊醒，离不开唯一的单亲。这时需要用双倍的爱去抚平幼小心灵的创伤。

3 岁到 5 岁的孩子：要求来自父母的持续的照顾。随着记忆和语言能力的发展，他们的自我意识能力也在强化，他会把自己跟父母的亲情看得很重。任何一方消失都会令其不安、诚惶诚恐甚至已经改掉的坏习惯又重现，像吮大拇指、尿床等。此时孩子最需要的是不间断的语言交流，千万不要用教训的态度去管教。

6 岁到 8 岁的孩子：在这个年龄段，他们可能要求和父母双方有同样时间的接触，保持相等的距离。失掉任何一方的爱，对他都是劣性刺激，会使他变得自卑、忧伤、孤独、易怒、富于攻击性。

9 岁到 12 岁：这时的孩子试图发现是谁对谁错，对一方更亲近，对另一方疏远。如果是这样的话，你应该用善意和适当的事例，纠正孩子对任何一方的偏见。因为孩子失去任何一方，都会使他们的感情发育失去平衡，以至给他们未来感情生活罩上阴影。

12 岁到 15 岁：这个年龄组的孩子已有独立意识，有自己决定生活方式的要求。他可能会拒绝自己归属某一方的监护，对于固定住在一个地方或轮流交换住处的决定会有自己的意见。如果和大人的决定不一致，先不要勉强，要给他足够的转变时间。

如何让幼儿不迷恋看电视

幼儿每天看电视、玩电子游戏的时间，总计不能超过两小时。

家人应把电视的影响控制到最小，不要以电视为中心摆放客厅家具。

事先制定收看计划，如大人可事先看看电视节目播出表，到了孩子想看的节目播出时间再开电视。

别把能否看电视当作奖赏手段。如果跟孩子约定表现好，就可以看电视，孩子会认为看电视很重要。

准备好替代看电视的活动，如鼓励孩子多做运动、读书、绘画等。而且，电视以外趣味性强的活动，大人也要共同参与。

大人要当好榜样。如果大人以身作则，孩子也会远离电视。

孩子为什么痴迷网游

孩子玩玩网络游戏无可厚非，不过，沉迷于网络游戏，甚至成瘾就有问题了。哪些孩子容易沉迷网游？为什么呢？

第一种情况，小孩子在幼年的时候有被抛弃的经历，比如父母离异，或孩子被父母交给别人去带。这些孩子小的时候被迫接受了一个他不喜欢的人际环境，在大脑深处隐藏了许多负面的情绪。随着年龄的增长，他的能力增强了，但是这些负面的情绪并没有从他的脑海中消失，他随时随地都会寻找支持、安全、爱等，但是在现实生活中他依然找不到他一直渴望的那种东西，当他走进虚拟的网络世界，发现网络游戏能够满足他这些需求，便如饥似渴地从中索取，就算他知道这不正常也欲罢而不能。

第二种情况，也有的父母管得太死，或者经常指责孩子、打骂孩子，在生活里，孩子没有自主权，这样的孩子也可能迷恋网游。在网络游戏里，孩子的成就感会大大得到满足。想想，谁不希望人说他好，谁不希望经常得到夸奖呢？

第三种情况，住校的孩子。这种现象在三线城市或者农村孩子中非常显著，原因之一是远离父母，缺少起码的约束。

还有一种，就是那些成绩差的孩子。在学校里，成绩差的孩子往往得不到老师的重视。回到家里，家长也会因为孩子成绩不好，不给好脸色看。这些孩子的情绪持续悲观、低落，便会到网络里去寻找学校里找不到的那种成就感。

总之，孩子们之所以迷恋网游，是因为他在网络游戏里可以得到肯定，可以满足自我价值。要想把孩子从游戏里拉出来，家长恐怕要想办法让孩子在你那里也能尝到游戏里的那种甜头。

父母过于自我　孩子失去自我

日常生活中，不难发现这样一些人，他们存在着过于浓厚的自我中心观念，凡事都只满足自己的欲望；希望别人服从于自己，却不知道自己也得尊重别人。用心理学的话来讲，就是在人际关系中“过于自我”。

在专制型的家庭里，父母都比较“过于自我”。大包大揽，认为自己喜欢的东西就是孩子喜欢的东西，自己需要的东西就是孩子需要的东西，常以权威口吻规范孩子的举动、限制孩子的自由、否定孩子的想法。孩子长期生活在这样的环境里，大多只有两种结果——不在沉默中灭亡，就在沉默中爆发。

这里所说的“灭亡”，是指孩子彻底成为了一个“乖”孩子，完全按照父母的想法生活，没有自己的想法，面对新事物缺乏信心、缺少尝试的勇气。这里所说的“爆发”，是指专制影响在孩子心里，累积到一定量时所表现出来的逆反行为。研究发现，专制型家庭长大的孩子大多对父母不满，对成年人有偏见，有些甚至还有反社会的倾向。这些孩子疏离他人，不遵从传统的道德标准，难以跟别人建立良好的关系。

需要提醒这些父母的是，父母过于自我，那么孩子就将失去自我。

因此，不要强行对孩子进行知识和技能的灌输；不要不考虑孩子的承受能力而进行超龄负载；不要不尊重孩子的意愿，擅自为孩子做出种种选择和安排。

攀比教育产生嫉妒之心

复旦大学发生的“同室操戈”的恶性案件，让我思考一个问题：究竟是什么能够让这些接受了高等教育的人变得如此狠毒？大家都在评说这种可怕的嫉妒心。

嫉妒是一种非常有害的情感。嫉妒是地球人都可能有的，不是只有中国人才有。但“中国式”的嫉妒，则与中国家长互相攀比的教育理念有着密切关系。我们小的时候，爸爸妈妈经常说，“你看邻居家小胖儿，哪哪比你好”，以此来鞭策我们；在幼儿园，老师经常说，“让我们来比赛，看谁吃饭吃得快”；我们上学了，老师经常说，“谁谁是我们班最好的”。这种画地为牢产生的嫉妒就是典型的“中国式嫉妒”。它扭曲了人的心灵，吞噬了人性，达到极致就会发展成为故意伤害案件。

在加拿大学习早期儿童教育，我惊奇地发现，那种让孩子比赛的方法是不允许的。我当时不明白，比赛有什么不好？老师说，如果互相比较，容易激发不正当的竞争心理。在加拿大幼儿园，如果我们要带孩子去外面的公园，期待孩子把外衣穿好，我们不会说看谁穿得最快。我们会说，我看见埃里克森把衣服穿好啦，谢谢！我看见艾米丽把衣服穿好啦，谢谢！我们绝对不会说，埃里克森最快，艾米丽第二快，托尼你再不快点儿就是最后一名了！

这两种教育方式有什么区别？国外教育关注的是孩子的个体行为，老师的表扬是要孩子对自己的行为感到满意；而中国的老师和家长更关注的是孩子之间的相对比较，孩子们关注的是我比谁如何如何，而不是自己的行为。这就是产生“中国式嫉妒”的根源。

如今，全球一体化和互联网时代为每个人提供了不同的机会。每个人都可以不同的方式取得成功！中国的家长们，不要再用盲目比较的方法教育孩子，而要去关注孩子的个体行为，帮助孩子创造属于自己的机会，最终取得成功。

如何引导孩子观看灾难新闻

恐怖袭击、枪击事件、自然灾害的新闻报道，会使孩子把世界看成是一个可怕的或不友好的地方。家长该怎么处理这些令人不安的新闻和图像？

向孩子提供真相。为了缓解孩子对于灾难新闻的恐惧，家长要向孩子提供真相。家长需要清楚的是：我们要对孩子保持诚实，提供给孩子他们想知道的事实，但没有必要给孩子解释过多的细节。

分担他们的恐惧。一个孩子看到在公共汽车或者地铁爆炸案的新闻，可能会担心：“我乘坐的公共汽车是否也会爆炸？”因此，家长要给孩子空间，分担他们的恐惧，鼓励孩子谈论他们害怕什么。成年人愿意倾听的态度，会给孩子强有力的支持。

定期和孩子讨论。家长可定期与孩子讨论他们看到、听到的新闻。讨论的目的是让孩子逐步能较为理性地看待世界。家长可以问问孩子，他们如何看待这些事件，心里是什么感受。

引导孩子积极思考。告诉孩子某些事件是孤立的、与自己的将来无关的，或解释一个事件如何与另一件事情相关，这些解释可以帮助孩子更好地理解他们的所见所闻。可以将讨论从一个令人不安的消息拓宽到一个更大的主题：将灾难性的新闻作为契机，谈论慈善事业、合作、如何应对自然灾害等。一个灾难性事件后，如果你帮助孩子找到方法，来帮助那些受影响的人，孩子们可能会获得控制感，感觉更安全。

过滤新闻内容。与您的孩子一起看电视、报纸和网页，过滤不当或可怕的新闻。观看新闻的导语时，预测其内容是否适合孩子的年龄或者发展水平，决定是否可以和孩子一起观看。

孩子为什么会耍赖

小孩子向大人提出某个要求，没有得到满足就满地打滚，耍赖撒泼，这是很让大人头疼的。

耍赖是孩子在用强烈的方式向家长提出要求。怎样对待耍赖的孩子，不是看耍赖当时对他的做法，而是在孩子耍赖之前，当他用正常的方式表达自己的愿望，用正常的强度对家长发出请求信号时，家长的回应是否及时，是否正确。

一般说来，孩子按正常方式发出信号而不被回应，或者不被满足，而且那未被满足的欲望并没有得到安抚和消减，他才会换成他认为更有效的请求方法——耍赖。家有爱耍赖的孩子，说明沟通渠道已经不畅，信号系统已经不灵，孩子才会另辟蹊径；而他所另辟的蹊径是要挟，这说明他熟悉“要挟”这种方式，深知“要挟”的威力，那么，他是从哪里感受并且学会要挟的呢？极有可能他自己就经常被要挟，当大人对他提出要求时，他如果没有满足大人，大人便是采用的撒泼耍赖，只不过不是满地打滚，而是横眉竖眼、强词夺理、威胁恐吓，甚至直接棍棒加身。

耍赖的孩子，他的心理已受伤害，这时大人要做的不是装成看不见，而恰恰是要真正看见，看见他的诉求，看见他的需要，理解他，哪怕不能完全满足他，也要表示“我看到了，我理解你，我很想满足你。但我确实做不到，我很抱歉”。

怎样对待孩子的耍赖,实际上是怎样对待孩子的意志的问题，是强硬对抗还是理解包容，说到底，还是一个尊重的问题。

有的家长可能会说，孩子要什么就满足他什么，难道要月亮也给他摘下来？其实，如果真能做到他要什么就给他什么，他早就满意了，根本就不会满地打滚向你要月亮。没有孩子会真正要求父母去把天上的月亮摘下来，他为之而满地打滚的事都是他认为父母能做到却不肯去做的，他只是想用这种耍赖的方式传达他的意志，引起父母重视而已。

家里有爱耍赖的孩子，说明亲子沟通上已经出现问题，要找到这个问题本身，才能处理好耍赖的现象。

想起儿子小时候跟我出去玩，走着走着就要我抱。我已经很累了，但我还是抱他起来，走几步，告诉他："妈妈实在抱不动了，你还是下来自己走吧。"奇怪的是，再放他下来时，他又能走了。其实，他要我抱，更多的不是因为身体累，而是心理上的需要，我抱了他，哪怕只抱着走了几步路，他的心理需要就已经满足，又可以自己走了。

在我的记忆里，儿子从来就没有耍赖撒泼的情况，从来都是通情达理，这就是"尊重"的结果。

让孩子待人接物自然、得体
——一位父亲给女儿的35条建议

1. 逢遇长辈，即使异性，也当早点大方地伸出手来，否则会令对方进退两难；

2. 进电梯，有长辈在，最好后入梯内，出电梯可以先出，但需作导引人；

3. 长辈同车，让长辈坐在司机身后座位（与长辈关系特别亲密的人亲自开车除外），自己最后上车，坐车内空余的座位；

4. 与长辈同行，可让长辈走中轴线，自己侧后随之；

5. 在马路上与长辈同行，则可把较安全的一侧留给长辈；

6. 上楼梯、台阶，在湿滑处、易碰头处，均应及时给长辈提示；

7. 有可能的话记得为长辈提行李，如自己的行李有长辈帮助去提，可以成全其绅士风度，但不宜让自己双手空空；

8. 上妆迎客是正常的，但知识女性不宜化妆过重，也不要当客人的面补妆；

9. 赴宴不要过早上席位，跟随上席先坐末座，而最终客随主便；

10. 在不用分座次的情形下，最好不坐光线过强的地方；

11. 会客不要穿崭新的衣服，最好也并非刚做的发型，但衣服缺纽扣或袜子有孔洞也很不好，万一有此情形，应在对方注意到之前微笑道歉，却无须一直遮掩；

12. 作为小字辈，刚走上社会，倒茶、斟酒之类，多做无碍；

13. 在正式会客或交流中，包括宴席上，尤其会议桌上，不要玩手机，包括发短信，不得已要用手机，也应离席并向主持人或身边人示意致歉；

14. 咳嗽、打喷嚏、擦口鼻、弹衣上脏物之类，尽可能背过身去处理，假如动作过大又来得及，可离席处理，之后轻声致歉或以微笑示意；

15. 长辈有抽烟习惯，不要表现出不习惯，但可以健康理由建议其少抽，如在禁止吸烟的场所，则提示其换至吸烟室；

16. 说话语速适中，不宜过快；

17. 与人交谈，应去掉一些学生化口语，比如“然后”、“再就是”等；

18. 说话可以手势助之，但幅度不宜过大，比如挥手不过头，横摆不过肩；

19. 对话中或陪客时，如因专业不对口或知识结构不具备，可以少说话，但不可缺少会意的点头和微笑；

20. 对英语不好的交流对象，最好不要插入英文单词，实在必用也当随之译出中文；

21. 长辈交代事项，最好以纸笔记下；

22. 接待你的人如接待条件稍次，倒的茶水也一定要喝，虽然不一定喝完；

23. 任何情况，酒都可以不喝，但应有替代品，且应征得或说服主陪同意；

24. 如有跳舞场合，大方出场，谁都希望自己的朋友或客人是多才多艺的，但适可而止，切忌卖弄或垄断现场；

25. 受到长辈的接待，离开后应于下飞机或下火车时向其报平安；

26. 对长辈的劝诫、建议或批评，事中表示接受，事后如可能应以短信之类方式向其表示感谢或言明自己进一步的理解；

27. 长辈来短信应回复，哪怕“知道了”、“好的”、“明白”、“OK”也行；

28. 与人去短信，应留下自己的姓名，如对方连你的姓名也可能记不住则应留单位或相识之场合（确认非常熟悉并一定存有你的号码者除外）；

29. 收到转交或邮寄来的礼物，应及时告知收到，并真诚地表示喜欢或言明对此礼物的理解；

30. 与客人告别，可大方握手，但德高望重之长辈或领导则应让对方先伸手；

31. 离席时，应将座椅推入桌下；

32. 出门时，应轻放回弹之门；

33. 关车门，需一次关牢，但不宜产生重重之声响，不要使人误以为你扫兴而去；

34. 分别时，有人送你，应放下车窗玻璃告别，挥手示意；

35. 客人离去，应送至楼下或电梯口，如送到车旁，应待车开动后目送客人离开可视范围为止。

赞美孩子要讲究方法

赞美适用于所有的孩子，但是，赞美和鼓励需要讲究一定的方法和技巧，为此，家长应该注意以下几点：

表扬和赞美应客观真实，不要以偏概全。当孩子出现父母期待的行为时，就要给予孩子客观公正的表扬，如果父母对孩子的表扬不切实际，那只会让孩子感到不自在。而且，表扬孩子的好行为，不应该含糊其词地表扬整个人。如“你这样做了就是好孩子”、“我儿子真行”……对于小孩子来说，他们分不清行为与整个人的关系。如果家长表扬孩子整个人，他会理解成他自己什么都行。这就可以解释，为什么很多孩子在受到某些表扬后，出现“翘尾巴”的原因。正确的赞美方法是：如果孩子今天做到了认真做作业，应该表扬孩子“今天你做作业很认真”，而不是表扬“你真是个好孩子”。

对不同年龄的孩子应用不同的方法。幼儿倾向于以物质利益的表扬为主，青少年则倾向于以精神鼓励为主；幼儿倾向于更为直接的公开的表扬，而青少年则以更含蓄的信任与赞扬为主。

赞扬孩子的聪明，不如赞扬孩子的努力。聪明的孩子不应该因为他们的智力和学习成绩而总是得到嘉奖，因为这样做会使他们容易自我陶醉，而且会把考试分数看得过于重要，日后他们可能因为一次所谓的失败就放弃努力。反之，那些因学习努力受到鼓励的孩子，受到鼓励后克服困难的能力则更强。

当着其他孩子的面褒奖孩子的良好品行。当着其他孩子的面褒奖孩子的良好品行，是一种独特的赞美方法，孩子的良好行为当众受到表扬，他会感到特别愉快。

预先进行表扬。有时孩子还未开始行动就预先受到表扬，也能收到良好的效果，因为这样做会使孩子感到被信赖而充满信心去做。“你是个认真、用心的孩子，这项作业一定会做得很好。”这样的表扬往往会收到良好的效果，当然，这种表扬要建立在暗示，激发孩子自强、自爱心理的基础上。

玩 对孩子有哪些意义

现如今许多父母一提到孩子的玩，首先想到的是耽误学习。其实，家长们应该重新认识一下玩对孩子的意义了：

有助于培养孩子的自尊和自信。在现实生活中，成年人对孩子评价的标准未必适合孩子的特点，所以往往使孩子的自尊与自信心受到影响。而在游戏中孩子表现自身能力更充分，获得成功的机会也更多，从而对自尊心和自信心建立起积极的促进作用。

有助于孩子进行良好的交往。孩子想出一个游戏邀请其他孩子参与的时候，往往要听取别人的意见；这当中每个孩子各抒己见，最终取得一致意见，然后，会分配每个人担任不同的角色；游戏中还要相互之间进行很好的配合……孩子游戏的过程，与成人的社会交往程序何其相似！孩子从游戏中获得了最初的人际交往本领。

有助于提高孩子的综合思维能力。孩子在玩的过程中，由于注意力集中，兴趣浓厚，加之眼看、耳听、动手、动脑，他所接受的信息，所受到的外界刺激，往往要比上课、做作业时多得多，这有利于孩子开阔视野，锻炼综合能力，激发创造灵感。

有助于培养孩子的组织能力。当孩子们在一起玩的时候，总要有一个玩的设想，玩什么，跟谁玩，遇到问题怎样解决，等等，同样需要有周密的安排。这实际上是对孩子组织能力的锻炼。

总之，健康的玩可以促进孩子的全面发展，能使孩子受益无穷。

儿童心理门诊常见十大问题

记者探访了杭州某医院儿童心理门诊室，梳理出备受家长困扰的十大问题：

1. 孩子注意力永远无法超过 3 分钟！不管是做游戏、看书还是堆积木。支招：家长陪着玩，隔 1 分钟就表扬！

2. 喜欢抱抱亲亲异性伙伴。支招：是性别角色形成过程中的正常现象，如果是小男孩，男教师、爸爸、男同学多与他交流、玩耍。

3. 不想上培训班，一出门就叫肚子痛。支招：7 ~ 12 岁的孩子很常见，肚子痛其实是心理害怕。家长这时千万别用恐吓一招，可以让孩子先去培训学校，但不进课堂。

4. 平时学得挺好的，考试就砸。支招：对这样已有焦虑症状的孩子，化解焦虑要从爸妈做起，爸妈先学会不在意。

5. 特臭美，每天出门照镜子。支招：不管长得怎么样，照了镜子能肯定自己，家长就不要管他（她），如果烦恼，产生自卑，家长不要马上宽慰，而是在生活起居中宠爱有加。

6. 与小伙伴难相处，总说别人不喜欢自己。支招：先培养孩子一个兴趣爱好，以此来会友，而不是急着请别的小朋友来家里玩。

7. 上课不爱发言，遇人不叫阿姨叔叔。支招：随他去，家长不要夸大，更不要指责孩子不礼貌。父母有活动，多带着孩子参加。

8. 看书做题，总是丢三落四。支招：这不是粗心，可能是有学习障碍的一种表现，需要进行正规的视知觉训练才能纠正。

9. 挤眉弄眼，小动作很多。支招：家长可以去医院，看看孩子只是活泼好动，还是有了多动症，后者需要药物治疗。

10. 扯头发，吃头发。支招：敏感的孩子中特多见。对这样的孩子，父母双方都要给予爱，千万不能有一方借口工作繁忙而疏忽了孩子。

当孩子被欺负时

1. 有限保护。孩子间争吵、打架是正常的，非原则性的小问题要让孩子自己学会协商解决，家长可以在旁提出一些建议。家长的过度保护会使孩子变得懦弱，而懦弱的孩子往往最容易成为被欺负的目标。但危及孩子身体健康的重大问题，家长要亲自过问，不可疏忽。

2. 教孩子正确的处理方法。家长不可鼓励孩子以暴制暴，要通过正常的渠道来解决：在学校可以报告老师，回家可以告诉家长，还可以团结伙伴孤立经常打人者。当孩子遭到欺负时，鼓励孩子往人多的地方跑，尽量保护自己。鼓励孩子用语言来制止对方的攻击，告诉对方欺负人的严重后果，让对方有所顾忌。

3. 从情感上支持孩子。孩子遭欺负，心情往往很糟，这时家长不要数落他，让他的心灵遭到二次伤害。应该及时抚慰孩子，接纳他的悲伤、生气，让孩子感受到亲情的温暖。

4. 让孩子的内心变强大。孩子经常遭欺负，往往是因为胆怯、懦弱。要让孩子内心变强大，可以通过挑战性的游戏、户外运动让他变得勇敢坚强。

5. 鼓励孩子化敌为友。孩子之间没有大不了的利益冲突，打打闹闹然后一起玩，这都是很正常的。家长不要提醒孩子记仇，干涉孩子交往，而要鼓励孩子尽量宽容，不结仇。

别拿孩子的糗事逗乐

4 岁的琪琪贪吃，有一次捡起糖纸，差点放嘴里；还有一次用手蘸了洗衣粉吃……这些糗事老被她爸妈拿来打趣，经常当着琪琪的面，当笑话说给大家听。其实，家长老拿孩子的糗事打趣，会对孩子的成长产生很多不利影响。

1. 让孩子不敢正确面对错误。孩子一时犯错遭到大人的经常嘲笑，会让孩子不敢正确面对错误，要么想方设法推诿，要么害怕错误，不敢尝试，不能接受自己的失败。前者会使孩子不敢担当，后者会使孩子自尊心过强，过于追求完美，一旦有错，情绪低落，也会失去很多机会。

2. 伤害孩子自尊心。大人经常拿孩子的糗事打趣，不但伤害孩子自尊，也打击了孩子的自信。

3. 挫伤孩子的好奇心和探索精神。其实有些糗事是孩子探索世界的一种方式。比如，有的孩子自己孵鸡蛋，也想孵出小鸡。这表明孩子有强烈的好奇心，而且敢于探索，用实践来检验自己的想法。如果大人常嘲笑他们幼稚可笑，就会挫伤孩子的好奇心和探索精神。

4. 打击孩子的善心。有的孩子出糗是因为好心办坏事。比如有的宝宝觉得鱼缸里的金鱼不自由，就把它捉出来放在地板上。如果大人嘲笑孩子，孩子的善心得不到理解，善行就会减少，善良的品质也会受到侵蚀。

宝宝为啥爱打人

1 岁左右，手部功能发育，总想动动手。孩子 9 个月时，手部功能开始发育，拍手的“啪啪”声会让他们感到无穷的乐趣。之后，宝宝会经历一个发出“嗒嗒”声的语言发育阶段。如果这时家长自觉去让他们打，宝宝就会变得爱打人。

2 岁左右，语言不发达以致以手代口。1 岁以后，孩子开始了最初的“社交”，但由于语言功能不够发达，他们就会用打人等肢体语言代替说话。这个时候，家长一方面要引导孩子的交往技能，比如用拉拉衣角或邀请一起玩玩具的方式来表示友好。另一方面，要让孩子意识到打人造成的后果，比如可以把孩子放一边不理，进行“冷处理”，让他知道打人是错的。

两三岁左右，经历“第一反抗期”。开始有自我意识的孩子，总希望这个世界按自己的意志运转，否则，就可能用打人的方式反抗。通常这种行为不需特别处理就能自然消退。

孩子对iPad成瘾的几个征兆

出现断瘾症状　在2011年进行的一项研究中，研究人员要求世界各地的1000名大学生在24小时内不使用他们的智能手机、其他移动设备或者互联网。很多参与者出现焦虑和抑郁等症状。如果你的孩子在不玩iPad的时候出现暴躁、焦虑或者精神萎靡，说明可能已经对iPad成瘾。

对其他事情丧失兴趣　如果一个孩子过去很喜欢踢足球，喜欢与小伙伴们一起玩或者爬树，现在却对诸如此类的事情丧失兴趣，而只喜欢花上几个小时玩iPad，说明他可能已经对iPad成瘾。

控制力下降　成瘾者通常控制力下降。如果父母强行不让他们玩iPad，他们可能会有一些不良表现，但不一定是成瘾表现。

撒谎　撒谎称自己没玩iPad，偷偷将iPad带进卧室或者在其他隐秘的地方玩，又或者通过欺瞒家人的方式让自己多玩一会儿iPad，所有这些都是成瘾表现。

回避负面情绪　玩 iPad 的孩子如果回避悲痛、压力或者负面情绪可能是成瘾的一种表现。例如，如果你的孩子在和人打架或者和父母争吵之后便玩 iPad，说明他可能在用这种方式应对负面情绪。

成绩下降，失去朋友　如果过度沉湎于 iPad，孩子的人际关系可能出现问题，失去朋友，同时学习成绩也会下降。iPad 成瘾的孩子会将自己与外部世界隔离开来。

改掉宝宝语言暴力

应对宝宝暴力语言，爸爸妈妈可以从下面几个方面去引导：

1. 鼓励。宝宝想引起别人的注意，这是宝宝展示自己表现欲，爸爸妈妈一定要加以引导。平时对宝宝要多关心多交流，时刻注意宝宝的想法，对宝宝要适时地鼓励，你的一个掌声、一个加油声，对宝宝的健康成长其实非常重要。

2. 教导。千万不要让宝宝看一些“暴力片”，宝宝还没有辨别是非的能力，他对世界的认识就是从模仿开始的。帮宝宝选择一些健康的动画片来看，爸爸妈妈可以陪着宝宝一边看动画片，一边给他讲，让他区分好人和坏人，为什么是好人，为什么是坏人。

3. 培养。良好的语言氛围是宝宝提高语言表达能力的关键，爸爸妈妈平时要多用平和温柔的语言和宝宝交流，尽量为他提供语言表达和申辩的机会。

4. 引导。不要惯着宝宝。对于宝宝的要求，可以选择通过转移注意力的方式，使宝宝对刚才的要求失去兴趣。一味地满足宝宝的心理，这样只会增强宝宝的娇气，要让宝宝清楚地知道自己的是非对错。

5. 榜样。爸爸妈妈应当为宝宝树立一个良好的榜样，当好宝宝的模范标兵，以实际行动来感召宝宝的心灵。

二宝来了　别忽视大宝的“心需求”

很多人在关注生二胎的问题，在父母的想象中，两个孩子一起成长，不会孤单。但是在二宝真正到来的时候，妈妈们会发现大宝的行为举止越来越怪异，亲子关系也越来越紧张。我们来听听儿童心理研究专家的建议。

1. 关注大宝的情绪状态，提前让大宝在心理上接纳二宝。

一些孩子并不愿意妈妈再生弟弟妹妹，而事实上却有了弟弟妹妹，结果，大宝对弟弟妹妹“下毒手”的几率就很高。为了避免大宝的内心冲突，妈妈最好能够在二宝到来之前就让大宝喜欢上二宝。对于妈妈来说，最应该让大宝了解的是即将到来的角色变化，引导大宝应该怎样做好将来的哥哥姐姐，以及哥哥姐姐在生活中应该怎样关心和照顾弟弟妹妹。

2. 不要忽视对大宝的关爱，让大宝感受到妈妈是永远爱他的。

每一位妈妈都会这样说：虽然有了二宝，但是我对大宝的爱没有减少。是的，我们的内心是这样想的；但是，我们的行动和语言是不是也让大宝感知到了呢？爱大宝一定要让大宝知道，而不是在内心偷偷地爱。妈妈们可以时时对大宝说妈妈爱他（她），不会因为弟弟妹妹的到来而减少对他（她）的爱。对于孩子来说，这无疑是让他（她）吃了一颗定心丸。

3. 邀请大宝一起照顾二宝。

妈妈们可以在怀孕时，让大宝知道，有他（她）的帮助，妈妈的怀孕才会更加顺利和愉悦，增强大宝的成就感。在二宝出生后，妈妈可以经常邀请大宝一起帮忙照顾弟弟妹妹，比如，叫他（她）帮忙看一会儿二宝，帮忙拿东西，每次大宝做完后妈妈要说感谢鼓励的话，这样，大宝对二宝的感情就会非常好，也会更有责任心照顾好弟妹。

4. 保证每天与大宝单独在一起的时间。

虽然，二宝的到来让妈妈们感到非常忙碌，甚至连睡眠时间也少了许多。但是，妈妈们依然不能忽视跟大宝单独相处的重要性。因为单独陪伴对于大宝来说非常重要，这能够让他（她）感受到，他（她）在妈妈的心目当中依然是独一无二、无人替代的。

渐渐地，妈妈们会发现，你留给大宝的单独时间越多，他（她）越不会嫉妒你照顾二宝。因为大宝已经明白，妈妈有时候要照顾二宝，有时候要照顾他（她），他（她）就不会嫉妒了。

总之，家里有两个宝宝的父母，一定要耐心、细致，认真地倾听孩子敏感的内心，努力关注到大宝的内心情感需求，自始至终给予孩子真实的爱，这样孩子才会在爱的沐浴下，学会去爱二宝、爱父母、爱家庭。

宝宝独立先要学会自己玩

要想宝宝学会独立，家长可以让宝宝先学习和自己做游戏。宝宝学会和自己玩，能够避免没有伙伴的孤独感，而且专注力因此得到很好的锻炼，家长的适当放手还能够让宝宝学会独立思考和解决问题，避免依赖他人。

1. 精心提供玩具　有一些游戏比如“过家家”，很讲求游戏者之间的互动交流，所以不适合用来培养宝宝独立玩耍的意识。家长可以为宝宝挑选一些诸如积木、遥控车这些玩具，即使宝宝独自玩耍也能够享受游戏的快乐。

2. 必要时要跟宝宝说几句话　一些家长在宝宝玩耍时总是会不分时机地打扰或者关心宝宝“渴不渴、累不累”。虽然说家长的这些行为是出于善意，但这样很容易破坏宝宝做事情的“连贯性”和专注力。但并不是说家长在孩子玩耍的时候完全放任不管，必要时要跟宝宝说几句话。比如提醒一下他现在已经 9 点钟了，半个小时以后就要上床睡觉。再比如用眼神提醒宝宝不能将玩具放到嘴里咬等。

3. 让他知道你就在附近　宝宝在地上游戏，家长可以静静地待在宝宝身边，或者坐在不远的沙发上看看书，一起共度美好的午后。宝宝一般在成人的陪伴之下注意力都会比较集中，在此过程中给予宝宝积极的鼓励和肯定，有助于宝宝建立良好的专注力。

最优教养方式的三个特征

打骂教育从来都不会培养出优秀的孩子。因为在实施打骂教育的家庭，常常充满了父母和孩子在情绪上的冲突和压力，这样就影响了亲子关系。而亲子关系在教育当中的作用是非常关键的。

美国心理学家戴安娜·鲍姆林德对家庭教养方式进行了研究，发现权威型的教养方式优于专制型、溺爱型、忽视型等其他教养方式。而权威型的教养方式具有三个特征：

一、在这样的家庭里，家庭气氛是温暖的，父母对孩子的态度是既关心又支持，这样的亲子关系使孩子更加容易接受父母的影响；二、这些父母允许孩子发表自己的意见，经常和孩子交换意见；三、这些父母在“给孩子独立自主的机会”和“对孩子有所限制”之间达到平衡，既培养孩子独立自主，同时又是有底线的，对他们提供一定的监督和引导。这些孩子有一定的独立能力，并且社会责任感较强，同时又能遵守规则，有一定的自控能力。

在实施打骂教育的家庭，缺乏上述的三个特征。孩子感受不到父母的关心和爱。常常有人说，父母哪有不爱孩子的？打是亲，骂是爱；打骂是恨铁不成钢，是为了孩子好，是“爱”的体现。可是，爱要通过语言和行动体现出来，让孩子感到温暖，而不是害怕和压力。

如果孩子信任父母，和父母亲近，往往也比较能听得进父母的话；如果孩子害怕父母，情感上疏远父母，甚至叛逆，这样父母说什么都听不进去。越是这样，父母就越觉得教育效果不好，就越打骂；越打骂，关系越糟糕，教育效果就越差，这样就形成了一个恶性循环。

在实施打骂教育的家庭，孩子的意见和看法也同样不被尊重。孩子是一个独立的个体，有自己的思想。如果他的看法和感受被尊重，他也能尊重父母的看法和感受。打骂其实是压制，是父母宣泄自己“教育效果不好”而产生的挫折感，对于解决问题却并没有什么好处。即使打骂暂时压制了孩子，让问题表面上看起来消失了，但是，如果没有和孩子进行充分沟通，不了解孩子的真正想法，问题很可能并没被真正解决。当孩子大一些，无法再打骂的时候，很可能会有巨大的反弹，这时孩子的叛逆可能也会相当厉害。或者孩子因为长期被压制而变得懦弱，唯唯诺诺，没有自己的思想，在社交上也会很不顺利。所以说，打骂不能真正从根本上解决问题。父母要找到和孩子沟通的方式，允许孩子表达，倾听孩子诉说，养成和孩子沟通的习惯。能够用语言沟通的家庭，打骂就不是必需的手段了。

提高心理免疫力比提高分数更重要

每年高考结束后，因为考试失利而自杀身亡的新闻总是不绝于耳。其实不止是因为高考失利，还有不少孩子因为成绩、学习、交友、恋爱甚至成年人觉得不值一提的小事，都会走上绝路。

每个人在最无助的时候，往往都会想到一些消极的东西。这个时候，我们是否具备一定的心理免疫能力就很关键。拥有健康心态和良好心理免疫能力的人，很快就可以从痛苦、挫折中脱离出来继续前行。而消极心态和没有良好心理免疫能力的人，往往就会在痛苦中越陷越深，甚至无法自拔。

因此，对家长来说，培养孩子积极的心态和良好的心理免疫能力，就显得至关重要。

首先，让孩子学会正确认识自己，避免孩子在认知上出现“绝对化”和“概括化”。

“绝对化”是指对任何事物怀有认为其必定如此的信念。比如“我做任何事都注定失败”、“周围的人肯定不喜欢我”。因为绝对化，看事情只能看到最坏的一面，老是出现消极情绪，在这样的消极情绪下，人的思维变得越来越狭窄，越来越极端，钻进了死胡同。

“概括化”指以偏概全，以一概十的不合理思维方式，常常使人过分关注某项困难而忽略除死之外的其他解决方法。比如“我考试作弊，我爸爸一定不会饶恕我”。“我有缺陷，别人都瞧不起我”，从而自暴自弃，自责自怨，自伤自毁。

其次，让孩子学会正确面对挫折和失败。当孩子承担痛苦的时候，要教会他们怎么战胜痛苦，还要引导他们怎么从暂时的痛苦中抽身而出。我们要告诉孩子，世界上还有很多开心的事情值得我们去做，比如吃一块自己喜欢的饼干、外出游玩等。

最后，让孩子提升自信。美国著名教育家马文·科林斯说：“孩子们要练习自信。我们要相信他，他能做好，他能成功，他能承担责任。停止抱怨，停止抱怨政府，停止抱怨老师，停止抱怨父母，成功与否全在他自己。”

警惕孩子的抑郁倾向

青春期的孩子心灵脆弱、问题多发，应该用积极的办法疏导其冲破青春期抑郁倾向的束缚，避免这种情感性的心理障碍危及青少年的生命。因此，向青少年提出以下六点建议：

1. 寻求家长和教师的帮助。也可找最好的朋友或亲人倾诉，不要默默承受，更不要封闭自己的心灵，任凭有偏差的认知观念引领自己的行为。

2. 慢慢改进对什么都无兴趣的现象。参与一些自己喜欢的活动，体会生活的乐趣，焕发激情，为自己注入走出抑郁束缚的动力。还要以高雅、积极的兴趣取代或改进不良心态以及退缩、反复性行为。

3. 多接受阳光与运动。每天至少一次（40 分钟以上）阳光下的体育运动，特别是参与有氧体育运动。锻炼后会给人带来轻松和自己做主的感觉，让心情得到放松，对于克服抑郁情绪状态下的孤独感和无能为力的感觉很有帮助。但运动必须有一定的强度，还要坚持，以达到预期效果。

4. 引发自己久违的笑声。多听多看幽默、笑话类的影视与书籍。因为笑能向大脑传送快乐的信号，改善情绪向快乐的方向发展，改善心境。

5. 放弃认为自己很糟糕、没价值等观念。设法以积极的想法取代消极的想法，以积极的思维方式挑战自己的观念。

6. 强迫自己主动参与正常学习和社交活动。离开了正常学习和社交，人的积极心理品质与智慧的潜能就成无源之水。主动学习并参与正常的社交，走出做任何事情都缺乏动力的心灵折磨。

教孩子学会自我管理

1. 今天，充分利用时间了吗？ 与其在口头上、书面里去赞美时间，还不如每天根据自己的生物钟，合理安排时间。

2. 今天，作业独立完成了吗？ 作业是用来检验学生对知识的掌握程度的，不独立去探索、去触摸知识的“脊骨”，是不会深刻体会知识本身的乐趣的，又怎能深刻感受到学知识的乐趣呢？

3. 今天，班级的任务认真完成了吗？ 要使热爱劳动在青少年时期就成为一个人最重要的品质之一。

4. 今天，主动帮助同学了吗？ 现在的孩子是受宠的一代，一生下来身前身后尽是爱；他们又是孤独的一代，缺少兄弟姐妹间的交流与沟通。要让孩子意识到，主动帮助别人也是一种快乐。可问自己：今天给同学送个微笑了吗？借给同学橡皮了吗？帮同学解答问题了吗？

5. 今天，不懂的问题解决了吗？ 今日事今日毕，今日不懂之处要今日解决。许多孩子有了不懂的问题，通常的对策是“懒”，懒得问老师，懒得问家长，懒得问同学，懒得查资料。日积月累，不懂的地方就成了一个大障碍。

6. 今天，爸妈正在干什么？ 学生们在校衣食无忧地学习，父母们在家在社会勤勤恳恳地劳作。要让孩子们时刻记得父母的辛劳，与父母同笑同泪同悲同喜，共同历练人生，形成家庭责任感、社会责任感。

教育孩子应这样做

接纳孩子的各种情绪，尤其是消极悄绪。当父母忽略孩子的感受时，孩子就会感到他得不到理解。只有当孩子的情绪被接纳时，他才会觉得受到了重视，他的行为才会良好，因为孩子生活在感觉的世界里。

倾听孩子的心声。通过说话来了解孩子的感受，是非常重要的一种沟通方式。不论孩子说的事情是大还是小，都要尽可能地找时间倾听他所说的话，而不要让孩子等大人有了时间再说。倾听孩子说话，有助于父母赢得孩子的信任，这样孩子才愿意把所有的事都告诉父母。

游戏是孩子的主要活动，让孩子通过游戏来学习。孩子往往是通过接触具体的、仿真的与生活有关的游戏来学习的，在游戏过程中可以与同伴、成人和环境互动。游戏可以培养孩子专注的态度。

正面告诉孩子应该做什么，而不是不该做什么。有些父母总是对孩子说“不准打人”、“不准在沙发上吃东西”等。这种负面的语气只会将孩子的注意力引向并集中于负面的行为，而孩子仍然不知道好的行为是什么，自己应该做什么。积极的做法是正面告诉孩子应该做什么，如“要与人和平相处”、“要在餐桌上吃东西”等。

让父亲发挥作用。父亲对孩子的成长很重要，他不仅是一个监督者，更应该成为积极的参与者。父母作为一个整体，与孩子一起游戏，一起谈话，这样会收到更好的效果。

享受孩子带来的快乐。不要去抱怨养育孩子的辛苦，而要用心去发现和享受孩子带来的快乐。

时间魔法　密切亲子关系

生活中，许多家长在和孩子相处时会遇到各种各样的问题，家长们不妨多施“时间魔法”，从而巧妙化解各种亲子问题，使亲子关系更密切、更贴心。

薄荷时间：孩子起床前　所谓“薄荷时间”就是要让孩子起床前的时间如薄荷般清新和令人愉悦。具体做法是：

给孩子缓冲时间。为孩子在睁开眼睛到起床之间预留 15 分钟左右的时间。

创造一个适宜环境，让孩子自然地醒来。如，打开窗户，让新鲜空气进来；放上令人愉快的轻音乐；轻轻摩挲孩子的头顶等。

给孩子美好的问候。当孩子睁开眼睛时送上快乐的问候，如“宝贝，早上好！”等；再给孩子一个拥抱和亲吻。

蜜糖时间：孩子入睡前　“蜜糖时间”，正是利用孩子入睡前的时间和孩子“谈情”，让亲密的感觉成为调和亲子关系的“蜜糖”。需要注意的是，父母应很认真地聆听孩子说话，这样，孩子会慢慢学会跟父母分享其担忧、希望和心愿。

黄金时间：和孩子约会时　家长和孩子一起做活动的时间也就是亲子关系中的“黄金时间”。那么，“黄金时间”应该怎么安排呢？

挑选活动：尽可能列出家长和孩子喜欢一起做的事情，越多越好。这些活动应该能够在 30 ～ 40 分钟内做完，而且不需要花多少钱。可以放风筝，拼图游戏，下棋，玩电脑游戏，做蛋糕等。

做完美家长：平时，家长很难做到对孩子说的每句话都是恰当的，对孩子做的每件事都是正确的，粗心、急躁甚至发火在所难免。在每周一两次的“黄金时间”里，家长应多肯定和赞美孩子；多和孩子保持身体的亲近，如拥抱孩子、拍拍孩子的肩膀、摸摸孩子的头、握住孩子的手、亲吻孩子的脸等；尽量避免质问、命令和批评。

太空时间：亲子关系紧张时　“太空时间”利用的是心理学中的一种“抽离法”，让家长和孩子在一段时间内把所有不愉快的记忆或情绪都抛开。在“太空时间”里，亲子双方都要遵守一些规则：不说气人的话、不翻老账，要坦诚地说出内心的情感需要，多说说大家在一起时的快乐和一起做过的开心事。这个时间魔法在挽救危机关系时很有效，和孩子关系紧张的家长不妨多试试。

孩子为什么会说谎

说谎是出于孩子本能的反应，是人类自我保护的意识行为。几乎在孩子刚会说话的时候，就会说谎。他们通过否认事实来逃避责任和处罚，或得到某种好处。1 ～ 3 岁的孩子说谎，多是本性的流露。可从 4 岁开始，儿童就有了判断正误的意识，会认识到说谎不对。实验表明：5 岁时，92%的儿童认为说谎不对。11 岁时，只有 28%的孩子认为说谎不对。显然，5 岁左右的儿童最不喜欢说谎。这一时期加强对孩子的诚实教育，效果才会最好。随着年龄增大，孩子开始区分说谎的程度，一旦让他们意识到说谎会免受惩罚，甚至可以获得好处，情况就会变糟。

虽然，好多家长希望把孩子教育成为诚实守信的人，但是他们自身的行为却强化了孩子去说谎。我们来看一个发生在生活中的事情：邻居家的小宝贝把花瓶碰掉在地上，碎了。妈妈问是谁打碎的。小宝贝说“我”。“啪”，妈妈给了宝贝一巴掌。第二次，宝贝打碎了一只碗，妈妈问是谁干的。小宝贝指着家里的大花猫，说“它”。这回不但没挨巴掌，妈妈还夸宝贝听话。

如果这个孩子长大以后养成了说谎的陋习，究竟是孩子本身的问题还是家长的责任呢?

此外，做父母的如果说话不算数，孩子便会学欺骗。有一些不可避免的善意的谎言，家长还是要考虑好如何向孩子表达；而那些可以避免的善意的谎言，还是避免为好。年幼的孩子的内心是没有规则和逻辑的，也不清楚犯错或者说谎的界限。一旦孩子发觉家长也在说谎的时候，孩子的内心就会出现挣扎，对身心健康成长不利。

让孩子有一颗同情心

温柔地对孩子说话　父母是孩子最好的老师，所以父母说话的语调与口气将直接影响孩子的语态。如果我们温柔地对孩子说话，那么孩子就会模仿，并以同样友善的方式对待其他人。

坚定地指出孩子的粗鲁动作　同情心的前提，是对他人尊重。如果孩子对我们吐口水或者做出粗鲁的动作，而我们只以笑来掩盖自己的尴尬，这无疑是对孩子行为的一种默认。所以，这时，我们不妨用温和而又坚定的语气告诉孩子，他所做的行为是不被允许的。

对孩子说“对不起”　每个父母都会有做错事的时候，这时最好的方法就是诚恳地向孩子道歉。这样孩子自身的内省力以及对他人的感受力和同理心就会大大增强。

引导孩子理解他人的感受　3 ~ 7 岁的孩子随着认知能力的发展，开始能够理解他人的情绪、情感。所以，当给孩子讲生动的童话故事时，我们不妨和他多交流一些情感方面的内容。例如《白雪公主》中的皇后为什么会嫉妒白雪公主等，通过这样的提问和引导，孩子便学会思考，并学会理解他人的感受。

爱护小动物　孩子天生就和小动物有一种亲密感，所以，我们不妨在家建立一个动物饲养角，饲养一些容易存活的小动物。让孩子天天给小动物喂食，做好观察日记。这样既培养了孩子的观察力和独立解决问题的能力，又培养了孩子的爱心、同情心和责任感。

鼓励孩子去帮助他人　社会中总有一些弱势群体，值得我们去关心、去帮助。在生活中我们要引导孩子了解他们的艰苦生活。与此同时，我们可以鼓励孩子捐出自己的玩具和衣物，为他们送上祝福的话语。让他在送出爱的同时，也感受到帮助别人的快乐。

告诉孩子“六学会”

学会顾己：就是告诉孩子要学会自己照顾自己。

学会自习：告诉孩子除去上课专心听老师讲课之外，自己要安排好自己的学习，养成良好的复习、预习的自习习惯。初中时告诉孩子别马虎。这一阶段的孩子，最易粗心丢三落四；高中时告诉孩子别贪多，集中精力在课上听老师讲习题，而不要过多地依靠教辅材料。

学会实说：孩子上小学时就应告诉他，学的如何可以不说，但要做到不撒谎。

学会交往：最关键的是，独生子女不能让他“独”，让孩子学会在学校与同学交往，在家与邻居相处。不同家庭背景的孩子，在不同的年龄段，在不同的学业阶段，有着不同的表现，但有一个原则要告诉孩子是通用的——要生存，就必须学会如何与人交往。

学会嘴甜：对孩子说，在学校以至今后到社会上嘴甜点，对你只有好处，没有坏处。

学会正说：有的孩子一到考试时就担心被别的同学超过去。这时你应告诉孩子，这种反说是一种被动的心态，会对你的心情产生压抑感，从小一定要学会正说，对考试要说，我一定要超过他，即使这次没超过，也要正说，下次我一定要超过他；正说能养成孩子的主动思维，对提升他将来主动沟通、协调、解决问题的能力大有裨益。

注意力差的孩子问题多

注意力是一切能力的基础，人的感觉、知觉、记忆、思维、能力都是建立在注意力的基础上。儿童之间学习成绩的差异主要是由注意力决定的。因此联合国教科文组织认定：注意力问题是导致全球儿童学习困难的首要原因。

注意力品质差的孩子通常会有如下的一些表现：

1. 经常无法将注意力放在细节或课业上。做家庭作业、从事其他活动时粗心大意而犯错。

2. 常常很难长时间专注在功课或游戏上。

3. 别人和他（她）说话，常常不注意听。

4. 常常无法依指示完成课业或交付的任务（排除对立行为或不了解指示）。

5. 对规划工作及活动常感到困难。

6. 常逃避或不愿做较花心思的事（如做家庭作业）。

7. 常弄丢在课堂或活动上所需之物（玩具、作业簿、铅笔等）。

8. 较容易受外在刺激影响而分心。

9. 经常在日常活动中遗忘事物。

10. 手或脚经常不安地动来动去或坐不住。

11. 常常在课堂上或其他应坐好的场合站起来。

12. 经常在需要安静的场合四处奔跑或攀爬。

13. 很难静下来玩要或安静地做游戏。

14. 经常处于活跃状态，或像马达运转般四处活动。

15. 在许多场合说话过多。

16. 常常在别人尚未陈述完话题之前便抢说答案。

17. 须与别人轮流时，常常不耐烦等待。

18. 常中断和干扰别人（如贸然介入别人的谈话或游戏）。

对于注意力品质差的孩子，可以对其进行专业的心理行为训练。在日常生活中也可以通过以下活动提升注意力品质：让孩子听广播，并将音量逐渐变小，并让孩子将听广播的内容做复述；盯住一张画，然后闭上眼睛，回忆画面的内容，例如画中的人物、衣着、桌椅及各种摆设，尽量做到完整。回忆后睁开眼睛再看一下原画，如不完整，再重新回忆一遍。这个训练既可培养注意力集中，也可提高注意更广范围的能力。

应满足孩子的情感饥渴

现代父母由于工作忙碌，使孩子不能得到真正意义上的情感交流，孩子在成长中出现的很多问题，例如任性、攻击、自私、冷漠、孤僻等，都与情感发育不良有很大关系。如果父母不能给予孩子情感上的支持与鼓励，会导致孩子情感饥渴。

如果孩子表现出睡觉必须抱着一些特定的物品才能入睡，年龄已经较大，却依旧表现出十分幼稚的行为和语气时，就是情感饥渴的表现。

要满足孩子对父母的情感需要，可以尝试下面一些做法：

方法 1：夫妻双方妥善处理好事业与家庭的关系，不要让孩子经受亲情饥渴。白天可以交给他人接送孩子上幼儿园，到了晚上，父母中必须有一人专心陪伴孩子。同时，父母也不要出于补偿心理而迁就孩子，过分顺应他的要求，否则会为孩子形成一些不良的情绪反应模式埋下伏笔。

方法 2：让孩子学会跟父母打电话，这样不但满足孩子的情感需求，还锻炼他的语言表达能力。有时父母实在回不了家，或者回家晚了，父母要向孩子“请假”，让孩子学会理解大人。

方法 3：为孩子营造和谐美满的家庭氛围。和谐美满的家庭关系是培养积极情感的重要因素，所以夫妻关系、婆媳关系不只是大人的事，还影响孩子积极情感的发育。

游戏培养孩子社交能力

一、通过家庭成员之间的情景表演，产生尽可能多的相关场景，让孩子通过亲身体验获得解决问题的方法。比如，在孩子玩得起劲的时候，让爸爸扮演一个抢玩具的人，一把抢走孩子手中的玩具。妈妈坐在孩子的身后，指导孩子用商量的口气问：“你怎么抢我的玩具？你想玩可以和我商量嘛！”在不被理睬之后，引导孩子说：“你可以拿玩具和我交换啊！”爸爸仍然不理会。这时妈妈可以让孩子说：“我不跟你做好朋友了！”然后教他可以通过告诉老师或者家长，拿回属于自己的玩具。

二、利用周末举行家庭聚餐活动，邀请你的邻居或者是朋友参加。当然，选择朋友的范围最好是既不陌生又不太熟悉的人。父母可以事先和孩子讨论菜谱，然后和孩子一起到菜市场去购买所需要的材料，请孩子帮忙出主意，尽量让孩子参与择菜的过程，最后由孩子决定是以什么样的方式上菜，用餐时让孩子来充当服务员。孩子的主人翁意识油然而生，既丰富了生活知识又锻炼了社交能力，也会让孩子变得更乐意参与这样的活动。

三、培养孩子的自信心。家长应该利用每一次外出的机会，不断给予孩子一种信息，那就是：“我们要靠自己！我一定行！”比如，在外就餐时，服务员通常不由分说地为每一位客人倒上茶，如果孩子不愿意喝茶，那怎么办？这时，不要急于帮孩子表达。

鼓励他通过自己的争取换到一杯白开水，那么以后，他就会勇敢地向服务员表达诸如点菜、找洗手间等其他的愿望啦。孩子的自信就是这样在一次次的成功体验中逐渐增强的。

后记

《中国剪报》创刊已届而立之年，为了感恩广大读者三十年来的相伴与厚爱，我们编发了两套十六册精选丛书，其中，《中国剪报》精选八册，《特别文摘》精选八册。丛书所编文章全部源自《中国剪报》报纸和《特别文摘》杂志，并按专题分类编辑，一书一专题，与报纸杂志专题栏目相对应，以方便读者阅读与收藏。

三十年来，我们已编辑出版《中国剪报》《特别文摘》一报一刊的文字总量约1.8亿，本书从中精选出400余万字与读者分享。当下，浏览式、碎片化阅读方式流行，我们编撰丛书旨在倡导纸质阅读，引导数字阅读，让梦想与阅读相伴，激情与沉思交替。读书是个人的事，也是社会的事，一个喜欢读书的人，有助于养成沉静、豁达的气质。一个书香充盈的社会，必会有一个向上向善的文明生态。俄裔美籍作家布罗茨基有一句名言："一个不读书的民族，是没有希望的民族。"读书应是人类为了生存和培养竞争能力而行走的必要途径，更是一种社会责任和担当。正是缘于这份责任和担当，剪报人三十年如一日，朝乾夕惕，孜孜不怠地编好报、出好刊，让报刊更多散发着知识魅力、学养魅力和品格魅力，涵养着读书种子生生不息。

丛书编罢，掩卷感恩。首要感恩读者朋友，是你们成就了《中国剪报》三十年辉煌；还要感恩作者，是你们的神来之笔，诠释了生活的真谛，让过往的岁月留下深刻的印记；还要感恩编者，《中国剪报》《特别文摘》的编辑队伍是一支有理想、有抱负、有责任、有担当的优秀团队，其中多数同志受过新闻或中文的研究生学历教育，多年来，他们选编的文章深受广大读者朋友的喜爱；还要感恩新华通讯社对外新闻编辑部原主任、高级记者杨继刚先生为全书的编辑给予了悉心指导；还要感恩新华出版社总编辑要力石先生为丛书的选编、版式、装帧等给予了热忱帮助；还要感恩著名散文大家、人民日报原副总编辑梁衡先生在百忙之中为本书撰写精美的序言；还要感恩梁霄羽先生为丛书的编辑出版付出了大量的辛勤劳动。

丛书付梓，值此，谨向三十年来所有关心和支持《中国剪报》《特别文摘》事业发展的领导和朋友们表示诚挚的谢意！

限于编者水平，本书尚有疏漏之处，恳请批评、教正；尚有部分原作者未及告之，恳请见谅并联系我们，以便寄付稿酬。

阅读有爱，传书有情。当您手里摩挲着这套丛书时，愿您喜爱她，让书香怀袖，含英咀华，滋养浩然之气！

编　者

2015 年 5 月 4 日